零基础学电动机维修

孙建府　主　编
张金柱　孙克军　副主编

机械工业出版社

CHINA MACHINE PRESS

本书共12章，内容包括电动机的基础知识、电动机的绕组、电动机维修常用工具和材料、电动机及其控制电路常见故障的检修、电动机的拆装及绕组的拆除、电动机绕组重绕与嵌线、电动机绕组的浸漆与烘干、电动机的检查与试验、直流电机与单相串励电动机的维修、潜水电泵的使用与维修、步进电动机和伺服电动机的使用、大中型电动机修理的特点等。

本书密切结合生产实际，突出实用、图文并茂、深入浅出、通俗易懂，书中列举了大量实例，并配有许多短视频和微课，可帮助读者快速学习和理解。

本书可供从事电动机维修的电工及有关技术人员使用，可作为高等职业院校及专科学校有关专业师生的教学参考书，也可作为职工培训用参考书。

图书在版编目（CIP）数据

零基础学电动机维修 / 孙建府主编 . —北京：机械工业出版社，2022.4
ISBN 978-7-111-70214-6

Ⅰ . ①零… Ⅱ . ①孙… Ⅲ . ①电动机－维修 Ⅳ . ① TM320.7

中国版本图书馆 CIP 数据核字（2022）第 031582 号

机械工业出版社（北京市百万庄大街 22 号 邮政编码 100037）
策划编辑：任 鑫 责任编辑：任 鑫
责任校对：樊钟英 贾立萍 封面设计：马精明
责任印制：任维东
北京市雅迪彩色印刷有限公司印刷
2022 年 8 月第 1 版第 1 次印刷
184mm×260mm · 13.75 印张 · 361 千字
标准书号：ISBN 978-7-111-70214-6
定价：80.00 元

电话服务 网络服务
客服电话：010-88361066 机 工 官 网：www.cmpbook.com
010-88379833 机 工 官 博：weibo.com/cmp1952
010-68326294 金 书 网：www.golden-book.com
封底无防伪标均为盗版 机工教育服务网：www.cmpedu.com

前　言

　　随着我国电力事业的飞速发展，电动机在工业、农业、国防、交通运输、城乡家庭等各个领域均得到了日益广泛的应用。为了满足广大电动机维修人员的需要，我们组织编写了这本《零基础学电动机维修》。

　　本书在编写过程中，从当前中小微型电动机维修的实际情况出发，面向生产实际，搜集、查阅了大量与电动机维修有关的技术资料，以基础知识和操作技能为重点，简要介绍了三相异步电动机、单相异步电动机、直流电动机、单相串励电动机、潜水电泵、步进电动机和伺服电动机等各种中小微型电动机的基本结构、工作原理、使用与维护、常见故障及其排除方法，介绍了电动机绕组的拆除、线圈的绕制、嵌线、绕组的接线、绕组的浸漆与烘干等。此外，还简要介绍了大中型电动机修理的特点等。

　　本书着重于基本原理、基本方法、基本概念和基本操作技能，尽量联系电动机使用与维修的生产实践，力求做到重点突出，以帮助读者提高解决实际问题的能力。

　　本书由孙建府主编，张金柱、孙克军为副主编。其中第1、2、11章由孙克军编写，第3、4章由张金柱编写，第5章由王忠杰编写，第6章由井成豪编写，第7章由刘旺编写，第8、12章由孙建府编写，第9章由高军波编写，第10章由张宏伟编写。编者对关心本书出版、热心提出建议和提供资料的单位和个人在此一并表示衷心的感谢。

　　由于编者水平所限，书中缺点和错误在所难免，敬请广大读者批评指正。

编　者

目 录

前 言

P35, P37, P38, P39, P49, P50

P56, P57, P64, P65, P66, P68, P70, P71, P73

P115, P118, P120

P132, P133, P134,
P147, P148, P149

P207

第1章 电动机的基础知识

1.1 电动机的分类

1.1.1 三相异步电动机的分类

三相交流异步电动机，又称为三相交流感应电动机。由于三相异步电动机具有结构简单、制造容易、工作可靠、维护方便、价格低廉等优点，现已成为工农业生产中应用最广泛的一种电动机。例如，在工业方面，它被广泛用于拖动各种机床、风机、水泵、压缩机、搅拌机、起重机等生产机械；在农业方面，它被广泛用于拖动排灌机械及脱粒机、碾米机、榨油机、粉碎机等各种农副产品加工机械。

为了适应各种机械设备的配套要求，异步电动机的系列、品种、规格繁多，其分类方法也很多。三相异步电动机的主要分类见表1-1。

表1-1 三相异步电动机主要分类

序号	分类因素	主要类别	序号	分类因素	主要类别
1	输入电压	（1）低压电动机（3000V以下） （2）高压电动机（3000V及以上）	4	使用时的安装方式	（1）卧式 （2）立式
2	轴中心高等级	（1）微型电动机（< 80mm） （2）小型电动机（80～315mm） （3）中型电动机（355～560mm） （4）大型电动机（≥ 630mm）	5	使用环境（防护功能）	（1）封闭式 （2）开启式 （3）防爆型 （4）化工腐蚀型 （5）防湿热型 （6）防盐雾型 （7）防振型
3	转子绕组型式	（1）笼型电动机 （2）绕线转子电动机	6	用途	（1）普通型 （2）冶金及起重用 （3）井用（潜油或水） （4）矿山用 （5）化工用 （6）电梯用 （7）需隔爆的场合用 （8）附加制动器型 （9）可变速型 （10）高起动转矩型 （11）高转差率型

1.1.2　单相异步电动机的分类

单相异步电动机是用单相交流电源供电的一种小容量交流电动机。

单相异步电动机与单相串励电动机相比，具有结构简单、成本低廉、维修方便、噪声低、振动小和对无线电系统的干扰小等特点，被广泛应用于工业和人们日常生活的各个领域，如小型机床、电动工具、医疗器械和诸如电冰箱、电风扇、排气扇、空调器、洗衣机等家用电器中。

单相异步电动机与同容量的三相异步电动机相比，具有体积大、运行性能较差、效率较低等缺点。因此，一般只制成小容量的（功率为 8 ~ 750W）。但是，由于单相异步电动机只需单相交流电源供电，在没有三相交流电源的场合（如家庭、农村、山区等）仍被广泛应用。

单相异步电动机最常用的分类方法，是按起动方法进行分类的。不同类型的单相异步电动机，产生旋转磁场的方法也不同，常见的有以下几种：

1）单相电容分相起动异步电动机。

2）单相电阻分相起动异步电动机。

3）单相电容运转异步电动机。

4）单相电容起动与运转异步电动机（又称为单相双值电容异步电动机）。

5）单相罩极式异步电动机。

1.2　电动机的基本结构与工作原理

1.2.1　三相异步电动机的基本结构与工作原理

1　三相异步电动机的基本结构

三相异步电动机主要由两大部分组成：一个是静止部分，称为定子；另一个是旋转部分，称为转子。转子装在定子腔内，为了保证转子能在定子腔内自由转动，定子、转子之间必须有一定的间隙，称为气隙。此外，在定子两端还装有端盖等。笼型三相异步电动机的结构如图 1-1 所示，绕线转子三相异步电动机的结构如图 1-2 所示。

图 1-1　笼型三相异步电动机的结构

扫一扫看视频

扫一扫看视频

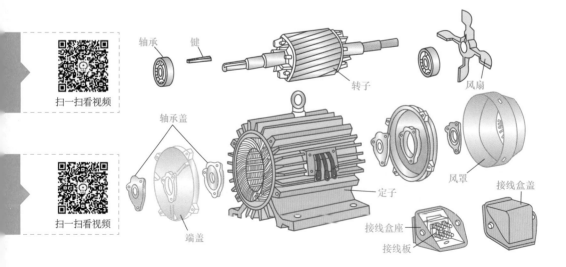

轴承　键　转子　风扇

轴承盖　风罩　接线盒盖

定子

端盖　接线盒座

接线板

图 1-2　绕线转子三相异步电动机的结构

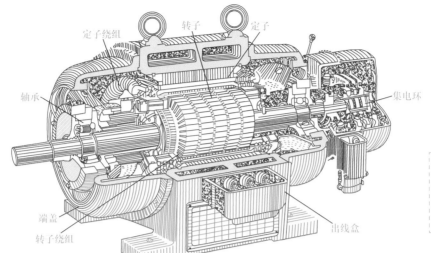

扫一扫看视频

2　三相异步电动机的工作原理

　　三相异步电动机工作原理的示意图如图 1-3 所示。在一个可旋转的马蹄形磁铁中，放置一个可以自由转动的笼型绕组，如图 1-3a 所示。当转动马蹄形磁铁时，笼型绕组就会跟着它向相同的方向旋转。这是因为磁铁转动时，它的磁场与笼型绕组中的导体（即导条）之间产生相对运动，若磁场顺时针方向旋转，相当于转子导体逆时针方向切割磁力线，根据右手定则可以确定转子导体中感应电动势的方向，如图 1-3b 所示。由于导体两端被金属端环短路，因此在感应电动势的作用下，导体中就有感应电流流过，如果不考虑导体中电流与电动势的相位差，则导体中感应电流的方向与感应电动势的方向相同。这些通有感应电流的导体在磁场中会受到电磁力 f 的作用，导体受力方向可根据左手定则确定。因此，在图 1-3b 中，N 极范围内的导体受力方向向右，而 S 极范围内的导体受力方向向左，这是一对大小相等、方向相反的力，因此就形成了电磁转矩 T_e，使笼型绕组（转子）朝着磁场旋转的方向转动起来。这就是异步电动机的简单工作原理。

图 1-3　三相异步电动机工作原理示意图

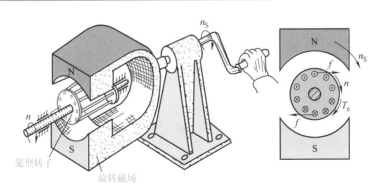

扫一扫看视频

a) 异步电动机的物理模型　　　　　　　b) 异步电动机的电磁关系

实际的三相异步电动机是利用定子三相对称绕组通入三相对称电流而产生旋转磁场的，这个旋转磁场的转速 n_S 又称为同步转速。三相异步电动机转子的转速 n 不可能达到定子旋转磁场的转速，即电动机的转速 n 不可能达到同步转速 n_S。因为如果达到同步转速，则转子导体与旋转磁场之间就没有相对运动，因而在转子导体中就不能产生感应电动势和感应电流，也就不能产生推动转子旋转的电磁力 f 和电磁转矩 T_e，所以异步电动机的转速总是低于同步转速，即两种转速之间总是存在差异，异步电动机因此而得名。由于转子电流由感应产生的，故这种电动机又称为感应电动机。

旋转磁场的转速为

$$n_S = \frac{60 f_1}{p}$$

可见，旋转磁场的转速 n_S 与电源频率 f_1 和定子绕组的极对数 p 有关。

例如，一台三相异步电动机的电源频率 $f_1 = 50\text{Hz}$，若该电动机是四极电动机，即电动机的极对数 $p = 2$，则该电动机的同步转速 $n_S = \dfrac{60 f_1}{p} = \dfrac{60 \times 50}{2} \text{r/min} = 1500\text{r/min}$，而该电动机的转速 n 应略低于 1500r/min。

1.2.2 单相异步电动机的基本结构与工作原理

1. 单相异步电动机的基本结构

单相异步电动机一般由机壳、定子、转子、端盖、转轴、风扇等组成，有的单相异步电动机还具有起动元件。

（1）定子

定子由定子铁心和定子绕组组成。单相异步电动机的定子结构有两种形式，大部分单相异步电动机的定子采用与三相异步电动机相似的结构，即用硅钢片叠压而成。但在定子铁心槽内嵌放有两套绕组：一套是主绕组，又称工作绕组或运行绕组；另一套是副绕组，又称起动绕组或辅助绕组。两套绕组的轴线在空间上应相差一定的电角度。容量较小的单相异步电动机有的则制成凸极形状的铁心，如图1-4所示。磁极的一部分被短路环罩住。凸极上放置主绕组，短路环为副绕组。

图 1-4 凸极式罩极单相异步电动机

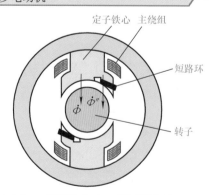

扫一扫看视频

（2）转子

单相异步电动机的转子与笼型三相异步电动机的转子相同。

（3）起动元件

单相异步电动机的起动元件串联在起动绕组（副绕组）中，起动元件的作用是在电动机起动完毕后，切断起动绕组的电源。常用的起动元件有以下几种：

1）离心开关。离心开关位于电动机端盖的里面，它包括静止和旋转两部分。当电动机静止时，无论旋转部分在什么位置，总有一个铜触片与静止部分的两个半圆形铜环同时接触，使起动绕组接入电动机电路。电动机起动后，当转速达到额定转速的 70% ~ 80% 时，离心力克服弹簧的拉力，使动触头与静触头脱离接触，使起动绕组断电。

2）起动继电器。起动继电器是利用流过继电器线圈的电动机起动电流大小的变化，使继电器动作，将触头闭合或断开，从而达到接通或切断起动绕组电源的目的。

2. 单相异步电动机的工作原理

分相式单相异步电动机的工作原理：在单相异步电动机的主绕组中通入单相正弦交流电后，将在电动机中产生一个脉振磁场，也就是说，磁场的位置固定（位于主绕组的轴线），而磁场的强弱按正弦规律变化。

如果只接通单相异步电动机主绕组的电源，电动机不能转动，但如能加一外力预先推动转子朝任意方向旋转起来，则将主绕组接通电源后，电动机即可朝该方向旋转，即使去掉了外力，电动机仍能继续旋转，并能带动一定的机械负载。

单相异步电动机为什么会有这样的特征呢？下面用双旋转磁场理论来解释。

双旋转磁场理论认为：脉振磁场可以认为是由两个旋转磁场合成的，这两个旋转磁场的幅值大小相等（等于脉振磁动势幅值的1/2），同步转速相同（当电源频率为 f，电动机极对数为 p 时，旋转磁场的同步转速 $n_S = \dfrac{60f}{p}$），但旋转方向相反。其中与转子旋转方向相同的磁场称为正向旋转磁场，与转子旋转方向相反的磁场称为反向旋转磁场（又称逆向旋转磁场）。

单相异步电动机的电磁转矩，可以认为是分别由这两个旋转磁场所产生的电磁转矩合成的结果。

电动机转子静止时，由于两个旋转磁场的磁感应强度大小相等、方向相反，因此它们与转子的相对速度大小相等、方向相反，所以在转子绕组中感应产生的电动势和电流大小相等、方向相反，它们分别产生的正向电磁转矩与反向电磁转矩也是大小相等、方向相反，相互抵消，于是合成转矩等于零。单相异步电动机不能够自行起动。

如果借助外力，沿某一方向推动转子，单相异步电动机就会沿着这个方向转动起来，这是为什么呢？因为假如外力使转子顺着正向旋转磁场方向转动，将使转子与正向旋转磁场的相对速度减小，而与反向旋转磁场的相对速度加大。由于两个相对速度不等，因此两个电磁转矩也不相等，正向电磁转矩大于反向电磁转矩，合成转矩不等于零，在这个合成转矩的作用下，转子就会顺着初始推动的方向转动起来。

为了使单相异步电动机能够自行起动，一般在起动时，先使定子产生一个旋转磁场，或使它能增强正向旋转磁场，削弱反向旋转磁场，由此产生起动转矩。为此，人们采取了几种不同的措施，如在单相异步电动机中设置起动绕组（副绕组）。主、副绕组在空间上一般相差 90° 电角度。当设法使主、副绕组中流过不同相位的电流时，可以产生两相旋转磁场，从而达到单相异步电动机起动的目的（故该种电动机称为分相式单相异步电动机）。当主、副绕组在空间上相差 90° 电角度，并且主、副绕组中的电流相位差也为 90° 时，可以产生圆形旋转磁场，单相异步电动机的起动性能和运行性能最好。否则，将产生椭圆形旋转磁场，电动机的起动性能和运行性能较差。

1.3 异步电动机的型号

1.3.1 三相异步电动机的型号

国产三相异步电动机的型号一律采用大写印刷体的汉语拼音字母和阿拉伯数字来表示。三相异步电动机的型号一般由三部分组成，排列顺序及含义如下：

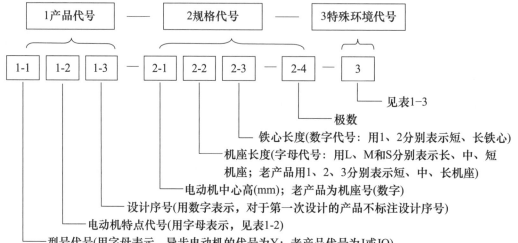

注：大型异步电动机的规格代号由功率(kW)-极数/定子铁心外径(mm)三个部分组成。

表 1-2 常用异步电动机的特点代号

特点代号	汉字意义	产品名称	新产品代号	老产品代号
—	—	笼型异步电动机	Y	J、JO、JS
R	绕	绕线转子异步电动机	YR	JR、JRZ
K	快	高速异步电动机	YK	JK
RK	绕快	绕线转子高速异步电动机	YRK	JRK
Q	起	高起动转矩异步电动机	YQ	JQ
H	滑	高转差率（滑差）异步电动机	YH	JH、JHO
D	多	多速异步电动机	YD	JD JDO
L	立	立式笼型异步电动机	YL	JLL
RL	绕立	立式绕线转子电动机	YRL	—
J	精	精密机床用异步电动机	YJ	JJO
Z	重	起重冶金用笼型异步电动机	YZ	JZ
ZR	重绕	起重冶金用绕线转子异步电动机	YZR	JZR
M	木	木工用异步电动机	YM	JMO

表 1-3 特殊环境代号

特殊环境条件	代号	特殊环境条件	代号
高原用	G	热带用	T
船用	H	湿热带用	TH
户外用	W	干热带用	TA
化工防腐用	F		

三相异步电动机的型号示例:

Y-100L2-4——表示三相异步电动机,中心高为100mm、长机座、2号铁心长、4极。

Y2-132S-6——表示三相异步电动机,第二次系列设计、中心高为132mm、短机座、6极。

YZR630-10/1180——表示大型起重冶金用绕线转子异步电动机,功率为630kW、10极、定子铁心外径为1180mm。

J2-61-2——表示防护式三相异步电动机,第二次系列设计、6号机座、1号铁心长、2极。

JO2-32-4——表示封闭式三相异步电动机,第二次系列设计、3号机座、2号铁心长、4极。

1.3.2 单相异步电动机的型号

单相异步电动机的型号由系列代号、设计序号、机座代号、特征代号及特殊环境代号组成,其含义如下:

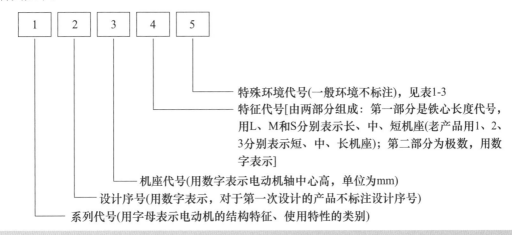

特殊环境代号(一般环境不标注),见表1-3
特征代号[由两部分组成:第一部分是铁心长度代号,用L、M和S分别表示长、中、短机座(老产品用1、2、3分别表示短、中、长机座);第二部分为极数,用数字表示]
机座代号(用数字表示电动机轴中心高,单位为mm)
设计序号(用数字表示,对于第一次设计的产品不标注设计序号)
系列代号(用字母表示电动机的结构特征、使用特性的类别)

单相异步电动机的型号示例:

YU6324——表示单相电阻起动异步电动机,轴中心高为63mm、2号铁心长、4极。

YC90L6——表示单相电容起动异步电动机,轴中心高为90mm、长铁心、6极。

B05612——表示单相电阻起动异步电动机,轴中心高为56mm,1号铁心长,2极。

D02-5014——表示单相电容运转异步电动机,第二次系列设计、轴中心高为50mm、1号铁心长、4极。

1.4 异步电动机的相关参数

1.4.1 额定值

在电动机铭牌上标明了由生产厂商规定的表征电动机正常运行状态的各种数值,如额定功率、额定电压、额定电流、额定频率、额定转速等,这些称为额定参数,又称为额定值。异步电动机按额定参数和规定的工作制运行,称为额定运行。它们是正确使用、检查和维修电动机的主要依据。图1-5为一台三相异步电动机的铭牌实例,其中各项内容的含义如下:

1)型号。型号是表示电动机的类型、结构、规格及性能等的代号。

2)额定功率。异步电动机的额定功率,又称额定容量,指电动机在铭牌规定的额定运行状态下工作时,从转轴上输出的机械功率,单位为W或kW。

3)额定电压。指电动机在额定运行状态下,定子绕组应接的线电压,单位为V或kV。如果铭牌上标有两个电压值,表示定子绕组在两种不同接法时的线电压。例如,电压220/380,接法△/丫,表示若电源线电压为220V时,三相定子绕组应接成三角形,若电源线电压为380V时,定子绕组应接成星形。

图 1-5　三相异步电动机的铭牌

三相异步电动机				
型号	Y132S-4		出厂编号	
额定功率	5.5kW	额定电流	11.6A	
额定电压　380V	额定转速	1440r/min	噪声　Lw78dB	
接法　　△	防护等级IP44	额定频率 50Hz	重量　　68kg	
标准编号	工作制　S1	绝缘等级 B级	年　月	
×　　　×　　　电机厂				

　　4）额定电流。指电动机在额定运行状态下工作时，定子绕组的线电流，单位为 A。如果铭牌上标有两个电流值，表示定子绕组在两种不同接法时的线电流。

　　5）额定频率。指电动机所使用的交流电源频率，单位为 Hz。我国规定电力系统的工作频率为 50Hz。

　　6）额定转速。指电动机在额定运行状态下工作时，转子每分钟的转数，单位为 r/min。一般异步电动机的额定转速比旋转磁场转速（同步转速 n_S）低 2%～5%，故从额定转速也可以知道电动机的极数和同步转速。电动机在运行中的转速与负载有关。空载时，转速略高于额定转速；过载时，转速略低于额定转速。

　　7）接法。接法是指电动机在额定电压下，三相定子绕组 6 个首末端头的连接方法，常用的有星形（Y）和三角形（△）两种。

　　8）工作制（或定额）。指电动机在额定值条件下运行时，允许连续运行的时间，即电动机的工作方式。

　　9）绝缘等级（或温升）。指电动机绕组所采用绝缘材料的耐热等级，它表明电动机所允许的最高工作温度。

　　10）防护等级。电动机外壳防护等级的标志由字母 IP 和两个数字表示。IP 后面的第一个数字代表第一种防护形式（防尘）的等级；第二个数字代表第二种防护形式（防水）的等级。数字越大，防护能力越强。

1.4.2　接法

1　三相异步电动机的接线方法

　　三相异步电动机的接法是指电动机在额定电压下，三相定子绕组 6 个首末端头的连接方法，常用的有星形（Y）和三角形（△）两种。

　　三相定子绕组每相都有两个引出线头，一个称为首端，另一个称为末端。按国家标准规定，第一相绕组的首端用 U1 表示，末端用 U2 表示；第二相绕组的首端和末端分别用 V1 和 V2 表示；第三相绕组的首端和末端分别用 W1 和 W2 表示。这 6 个引出线头引入接线盒的接线柱上，接线柱标出对应的符号，如图 1-6 所示。

　　三相定子绕组的 6 个端头可将三相定子绕组接成星形（Y）或三角形（△）。星形联结是将三相绕组的末端连接在一起，即将 U2、V2、W2 接线柱用铜片连接在一起，而将三相绕组的首端 U1、V1、W1 分别接三相电源，如图 1-6b 所示。三角形联结是将第一相绕组的首端 U1 与第三相绕组的末端 W2 连接在一起，再接入一相电源；将第二相绕组的首端 V1 与第一相绕组的末端 U2 连接在一起，再接入第二相电源；将第三相绕组的首端 W1 与第二相绕组的末端 V2 连接在一起，再接入第三相电源，即在接线板上将接线柱 U1 和 W2、V1 和 U2、W1 和 V2 分别用铜片连接起来，再分别接入三相电源，如图 1-6c 所示。一台电动机是接成星形或是接成三角形，应视生产厂商的规定而进行，可从铭牌上查得。

图 1-6 接线盒的接线方法

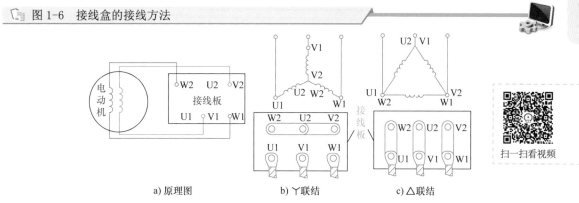

a) 原理图   b) Ｙ联结   c) △联结

扫一扫看视频

三相定子绕组的首末端是生产厂商事先预定好的，绝不能任意颠倒，但可以将三相绕组的首末端一起颠倒，例如将 U2、V2、W2 作为首端，而将 U1、V1、W1 作为末端。但绝对不能单独将一相绕组的首末端颠倒，如将 U1、V2、W1 作为首端，将会产生接线错误。

扫一扫看视频

2 单相异步电动机的接线方法

常用单相异步电动机的主要类型与接线原理图见表 1-4。

扫一扫看视频

表 1-4 单相异步电动机的主要类型与接线原理图

电动机类型	电阻起动	电容起动	电容运转	电容起动与运转	罩极式
基本系列代号	YU（JZ、BO、BO2）	YC（JY、CO、CO2）	YY（JX、DO、DO2）	YL	YJ
接线原理图					
结构特点	定子具有主绕组和副绕组，它们的轴线在空间相差 90° 电角度。电阻值较大的副绕组经起动开关与主绕组并联于电源。当电动机转速达到同步转速的 75%～80% 时，通过起动开关，将副绕组切离电源，由主绕组单独工作	定子主绕组、副绕组分布与电阻起动电动机相同，副绕组和一个容量较大的起动电容器串联，经起动开关与主绕组并联于电源。当电动机转速达到同步转速的 75%～80% 时，通过起动开关，将副绕组切离电源，由主绕组单独工作	定子具有主绕组和副绕组，它们的轴线在空间相差 90° 电角度。副绕组串联一个工作电容器（容量较起动电容器小得多）后，与主绕组并接于电源，且副绕组长期参与运行	定子绕组与电容运转电动机相同，但是副绕组与两个并联的电容器串联。当电动机转速到达同步转速的 75%～80% 时，通过起动开关，将起动电容器切离电源，而副绕组和工作电容器继续参与运行	一般采用凸极定子，主绕组是集中绕组，并在极靴的一小部分上套有短路环（又称罩极绕组）。另一种是隐极定子，其冲片形状和一般异步电动机相同，主绕组和罩极绕组均为分布绕组，它们的轴线在空间相差一定的电角度（一般为 45°），罩极绕组匝数少，导线较粗

注：基本系列代号中括号内是旧产品系列代号。

1.4.3 改变旋转方向的方法

1 改变三相异步电动机旋转方向的方法

由三相异步电动机的工作原理可知，电动机的旋转方向（即转子的旋转方向）与三相定子绕组产生的旋转磁场的旋转方向相同。倘若要想改变电动机的旋转方向，只要改变旋转磁场的旋转方向就可实现，即只要调换三相电动机中任意两根电源线的位置，就能达到改变三相异步电动机旋转方向的目的，如图1-7所示。

图1-7　改变三相异步电动机旋转方向的方法

扫一扫看视频

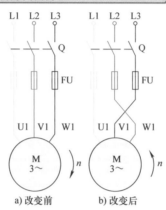

a) 改变前　　　　　b) 改变后

2 改变分相式单相异步电动机旋转方向的方法

扫一扫看视频

分相式单相异步电动机旋转磁场的旋转方向与主、副绕组中电流的相位有关，由具有超前电流的绕组的轴线转向具有滞后电流的绕组的轴线。如果需要改变分相式单相异步电动机的转向，可把主、副绕组中任意一套绕组的首尾端对调一下，接到电源上即可，如图1-8所示。

图1-8　将副绕组反接改变分相式单相异步电动机的转向

扫一扫看视频

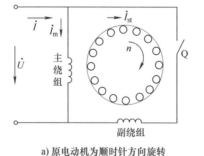

a) 原电动机为顺时针方向旋转

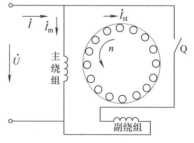

b) 将副绕组反接后为逆时针方向旋转

3 改变罩极式单相异步电动机转向的方法

罩极式单相异步电动机旋转磁场的旋转方向是从磁通领先相绕组的轴线（Φ_U的轴线）转向磁通落后相绕组的轴线（Φ_V的轴线），这也是电动机转子的旋转方向。在罩极式单相异步电动机中，磁通Φ_U永远领先磁通Φ_V，因此，电动机转子的转向总是从磁极的未罩部分转向被罩部分，即使改变电源的接线，也不能改变电动机的转向。如果需要改变罩极式单相异步电动机的转向，则需要把电动机拆开，将电动机的定子或转子反向安装，才可以改变其旋转方向，如图1-9所示。

图1-9 将定子调头装配来改变罩极式单相异步电动机的转向

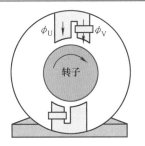
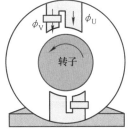

扫一扫看视频

a) 调头前转子为顺时针方向转动　　　　b) 调头后转子为逆时针方向转动

1.4.4 绝缘等级

电动机的绝缘等级（或温升）是指电动机绕组所采用的绝缘材料的耐热等级，它表明电动机所允许的最高工作温度。

绝缘等级是指电动机绕组采用的绝缘材料的耐热等级。电动机中常用的绝缘材料，按其耐热能力可分为A、E、B、F、H五个等级。每一绝缘等级的绝缘材料都有相应的极限允许工作温度（电动机绕组最热点的温度），见表1-5。电动机运行时，绕组最热点的温度不得超过表1-5中的规定。否则，会引起绝缘材料过快老化（表征绝缘老化的现象，除电气绝缘性能降低外，还包括绝缘材料变脆、机械强度降低，在振动、冲击和湿热条件下出现裂纹、起皱、断裂等），缩短电动机使用寿命；如果温度超过允许值很多，绝缘材料就会损坏，导致电动机烧毁。

表1-5 绝缘材料的耐热等级及极限允许工作温度

绝缘等级	A	E	B	F	H
极限允许工作温度 /℃	105	120	130	155	180

电动机某部件的温度与周围介质温度（周围环境温度）之差，就称为该部件的温升。电动机在额定状态下长期运行而其温度达到稳定时，电动机各部件温升的允许极限值称为温升限度（又称温升限值）。国家标准对电动机的绕组、铁心、冷却介质、轴承、润滑油等部分的温升都规定了不同的限值。

1.4.5 工作制

电动机的工作制（又称工作方式或工作定额），即电动机的工作方式，是指电动机在额定值条件下运行时，允许连续运行的时间。

工作制是对电动机各种负载，包括空载、停机和断电，及其持续时间和先后顺序情况的说明。根据电动机的运行情况，分为多种工作制。连续工作制、短时工作制和断续周期工作制是基本的三种工作制，是用户选择电动机的重要指标之一。

1）连续工作制。其代号为S1，是指该电动机在铭牌规定的额定值下，能够长时间连续运行。适用于风机、水泵、机床的主轴、纺织机、造纸机等连续工作方式的生产机械。

2）短时工作制。其代号为S2，是指该电动机在铭牌规定的额定值下，能在限定的时间内短时运行。我国规定的短时工作的标准时间有15min、30min、60min、90min四种。适用于水闸闸门起闭机等短时工作方式的设备。

3）断续周期工作制。其代号为 S3，是指该电动机在铭牌规定的额定值下，只能断续周期性地运行。按国家标准规定每个工作与停歇的周期 $t_z = t_g + t_o \leq 10\text{min}$。每个周期内工作时间占的百分数称为负载持续率（又称暂载率），用 FS％表示，计算公式为

$$FS\% = \frac{t_g}{t_g + t_o} \times 100\%$$

式中　　t_g——工作时间；

　　　　t_o——停歇时间。

我国规定的标准负载持续率有 15％、25％、40％、60％四种。

采用断续周期工作制的电动机可频繁起动、制动，过载能力强、转动惯量小、机械强度高，适用于起重机械、电梯、自动机床等具有周期性断续工作方式的生产机械。

1.4.6　防护等级

电动机的外壳防护型式有两种：第一种，防止固体异物进入电动机内部及防止人体触及电动机内的带电或运动部分的防护；第二种，防止水进入电动机内部程度的防护。

电动机外壳防护等级的标志由字母 IP 和两个数字表示。IP 后面的第一个数字代表第一种防护形式（防尘）的等级，第二个数字代表第二种防护形式（防水）的等级。数字越大，防护能力越强。

常用电动机的防护形式有开启式、防滴式、封闭式和防爆式等。

Y 系列电动机的外壳防护型式有 IP23、IP44 和 IP54 等几种。不同外壳防护型式的异步电动机的外形如图 1-10 所示。

图 1-10　不同外壳防护型式的异步电动机外形

扫一扫看视频

a) IP23　　　　　　　　　　　　　　　　b) IP44

第2章 电动机的绕组

2.1 电动机绕组常用名词术语

2.1.1 线圈与线圈组

1）线圈。线圈是构成绕组的最基本单元，所以也称为绕组元件。线圈可能由一匝电磁线绕制而成，也可能由多匝电磁线绕制而成。常见的线圈有菱形（又称梭形）线圈和弧形（又称半圆形）线圈。常用线圈及其简化画法如图 2-1 所示。

图 2-1 常用线圈及其简化画法

扫一扫看视频

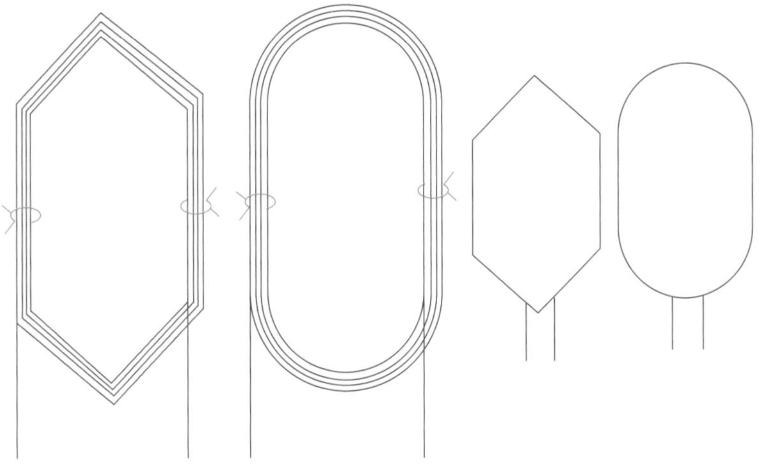

a）菱形线圈   b）弧形线圈   c）多匝线圈简化画法

2）线圈组。由多个线圈按一定方法组成一组，称为线圈组。

3）绕组。由多个线圈或线圈组按照一定规律连接在一起就形成了绕组。

4）有效边。每个线圈都有两个直线边，这两条直线边分别嵌入铁心槽内，电磁量转换主要通过嵌入铁心槽内的直线部分进行，故称为有效边。

5）端部。两个有效边之间的连线称为端部，仅起到把有效边连接起来的作用。

2.1.2 电角度与槽距电角

1）电角度。计量电磁关系的角度单位称为电气角度，简称电角度。电动机圆周在几何上占有的角度为 360°，称为机械角度。而从电磁方面看，对于一个按一定周期变化的物理量（如磁动势、电动势、电压或电流等）完成一个交变周期，其相位即变化了 360°（2πrad）。我们把这种无形的角度称为电角度。因此，一对磁极占有空间电角度为 360°。而对于 4 极（磁极对数 $p = 2$）电动机，其电角度为机械角度的两倍。一般而言，对于 p 对极电动机，其电角度为机械角度的 p 倍，即

$$电角度 = p \times 机械角度$$

2）槽距电角。定子相邻两槽之间的距离以电角度表示时，称为槽距电角，简称槽距角，用 α 表示。其计算式为

$$\alpha = \frac{p \times 360°}{Z_1}$$

式中　　Z_1——定子槽数。

2.1.3　极距与节距

1）极距。每个磁极在定子铁心的内圆上所占的范围称为极距，用 τ 表示。极距可以用槽数、对应的圆弧长度或电角度量度，即

$$\tau = \frac{Z_1}{2p} \quad 或 \quad \tau = \frac{\pi D_{i1}}{2p} \quad 或 \quad \tau = 180°$$

式中　　Z_1——定子槽数；

　　　　D_{i1}——定子铁心内径。

2）线圈节距。一个线圈的两个有效边在定子铁心内圆周所跨的距离称为节距，用 y 表示，如图 2-2 所示。节距可以用槽数或对应的圆弧长度量度，它有整距、短距和长距之分。

①$y = \tau$ 时为整距线圈，可以产生最大的感应电动势。

②$y < \tau$ 时为短距线圈，可以缩短线圈端部连线，节省导线，改善电动机的性能。

③$y > \tau$ 时为长距线圈，浪费导线，只在特殊电动机（如单绕组变极多速异步电动机）中采用。

图 2-2　双层绕组

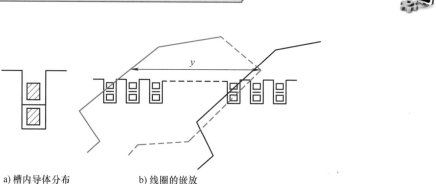

a) 槽内导体分布　　　　b) 线圈的嵌放

节距（又称跨距）有两种表示形式，例如用槽数表示节距时，若 $y = 8$，可表示为 $y = 1—9$；同理，若 $y = 9$，可表示为 $y = 1—10$。

当在一台电动机中使用不同节距的线圈时，可用 y_1、y_2、y_3 等加下角标的方法进行区分。

2.1.4 每极每相槽数

每个磁极下面每相绕组所占的槽数称为每极每相槽数，用 q 表示，即

$$q = \frac{Z_1}{2pm}$$

式中 Z_1——定子槽数；

　p——极对数；

　m——相数，对于三相异步电动机，$m = 3$，对于单相异步电动机，$m = 1$。

2.1.5 相带与极相组

1）相带。为了使异步电动机的定子绕组对称，通常使每个磁极下的每相绕组所占的范围相等，这个范围称为相带。

对于三相异步电动机。由于一对磁极相当于 180° 电角度，分配到三相，则每相的相带为 60° 电角度，按 60° 相带排列的绕组称为 60° 相带绕组。三相异步电动机还有一种划分相带的方法，即将每一对磁极进行三个等分，则每相占 120° 电角度，也可以得到三相对称绕组。按 120° 相带排列的绕组称为 120° 相带绕组。由于 60° 相带绕组的合成电动势比 120° 相带绕组的合成电动势大，故除了单绕组变极多速异步电动机外，一般都采用 60° 相带绕组。

2）极相组。将一个磁极下属于同一相（即一个相带）的 q 个线圈，按照一定方式串联成一组，称为极相组。

2.1.6 并联支路数、每相串联匝数和对称三相绕组

1）并联支路数。每相绕组中包含若干个线圈组（或极相组），这些线圈组可以按一定的方式连接（如串联、并联等），每相绕组能够并联形成的支路数，称为并联支路数，用 a 表示（若每相绕组中的全部线圈组串联成一条支路时，则并联支路数为 1，即 $a = 1$）。并联时要求每条支路的匝数和线径（即电磁线截面积）均应相同，即要求每条支路的阻抗相同，否则易造成环流，并导致电动机绕组发热。

2）每相绕组的串联匝数。一般将每相绕组中一条支路的匝数称为每相绕组的串联匝数。

3）对称三相绕组。三相交流电动机中，三相绕组的每相串联匝数及线径均相同（即三相绕组的阻抗均相同），相与相之间在空间分别间隔 120° 电角度的三相绕组，称为对称三相绕组。

2.2 三相绕组

2.2.1 三相绕组的分类

1 三相绕组的分类方法

三相异步电动机定子绕组在定子铁心槽内嵌放的形式是多种多样的，一般有以下的分类方法：

1）按定子铁心槽内线圈有效边层数分类，有单层绕组、双层绕组和单双层混合绕组三种。

2）按每极每相槽数 q 分类，有整数槽绕组（q 为整数）和分数槽绕组（q 为分数）两种。

3）按线圈形状和端部连接方式分类，单层绕组又可分为同心式绕组、链式绕组和交叉式绕组等；双层绕组又可分为叠式绕组（简称叠绕组）和波式绕组（简称波绕组）等。

4）按相带分类，有 60° 相带绕组和 120° 相带绕组等。

2 绕组的特点

（1）单层绕组的特点

单层绕组是指定子铁心每个槽中仅嵌入一个有效边的绕组。单层绕组的线圈数目等于定子槽数的一半，即一个线圈占两个槽。这种绕组的线圈数量最少、定子铁心槽中不需要层间绝缘，槽的利用率高，嵌线方便，节省工时。但感应电动势和磁动势的波形比双层短距绕组稍差，导致电动机的性能稍差，故一般用于10kW以下的小功率电动机中。

（2）双层绕组的特点

双层绕组是指定子铁心槽内分上下两层嵌放两个有效边的绕组。线圈的一个有效边嵌放在某一个槽的上层，另一个有效边则嵌放在相隔y槽（y为线圈节距）的下层。每个槽内上下两层之间必须用层间绝缘隔开。双层绕组的线圈数目恰好等于定子槽数。

双层绕组的优点是可以选用合适的短距绕组，来改善电动势和磁动势的波形，使之接近正弦波形，从而改善电动机的电气性能。而且采用短距绕组可以节省电磁线，也可以减小绕组的漏电抗。另外，双层绕组所有线圈的形状、几何尺寸都相同，便于绕制，而且线圈端部排列整齐，有利于散热和增强机械强度。因此，一般较大功率的电动机多采用双层绕组。双层绕组的缺点是线圈的数目多（比单层绕组多一倍），嵌线费工时。另外，双层绕组有发生槽内相间击穿短路故障的可能性（因为有的定子铁心槽内上下层有效边不属于同一相）。

根据线圈的形状和连接规律，双层绕组又可分为双层叠式绕组和双层波式绕组。图2-3是这两类绕组的线圈示意图。常见的中小型三相异步电动机大多采用双层叠式绕组；而对于极数多、支路电流大的交流电动机，为节约线圈组之间连接线的用铜量，常采用双层波式绕组。

📖 图2-3 双层绕组示意图

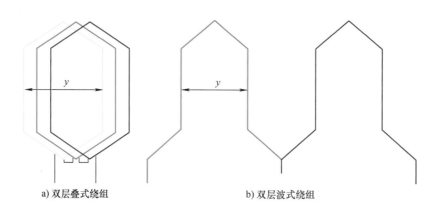

a) 双层叠式绕组　　　　　　　　　　b) 双层波式绕组

2.2.2 三相单层同心式绕组

单层同心式绕组的同一个线圈组中各个线圈的节距大小不等，但彼此"同心"，其各个线圈按一定的规律串联在一起，如图2-4所示。由于组成线圈组的各个同心线圈的轴线互相重合，所以线圈可以同心放置，端部连线不互相交叉，易于排列整齐。

单层同心式绕组按其端部的安放位置又可分为二平面同心式和三平面同心式，分别如图2-5和图2-6所示。同心式绕组由于线圈的节距大，且又长短不等，故较浪费电磁线。

图 2-4　同心式绕组示意图

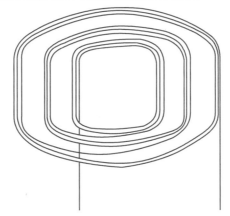

图 2-5　单层二平面同心式绕组（$Z_1 = 24$，$2p = 4$，$a = 1$）

扫一扫看视频

a) 一相绕组展开图

b) 一相绕组端部示意图

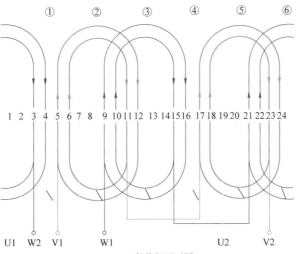

c) 三相绕组展开图

图 2-6　单层三平面同心式绕组（$Z_1 = 24$，$2p = 2$，$a = 1$）

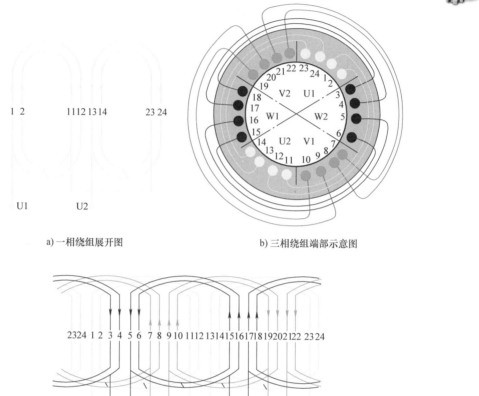

a) 一相绕组展开图　　　　　　　　　b) 三相绕组端部示意图

c) 三相绕组展开图

2.2.3　三相单层链式绕组

单层链式绕组如图 2-7 所示。它是由节距相等而彼此之间像锁链一样扣合在一起的线圈构成的。单层链式绕组的线圈大小相同，绕制方便，线圈一般为短节距，可节省电磁线。

2.2.4　三相单层交叉式绕组

单层交叉式绕组主要用于每极每相槽数 $q = 3$（或其他奇数），极数 $2p = 4$ 或 6 的小型三相异步电动机。单层交叉式绕组的线圈节距有两种，其各节距的线圈端部的平均长度比单层同心式绕组的线圈端部平均长度短，故可节省电磁线，且便于布置。单层交叉式绕组如图 2-8 所示。

2.2.5　三相双层叠式绕组

双层叠式绕组的特点是任何两个相邻的线圈，都是后一个线圈紧"叠"在前一个线圈上。三相双层叠式绕组展开图如图 2-9 所示。在展开图中，一般将在定子铁心槽内位于上层的有效边用实线表示，位于下层的有效边则用虚线表示，每一个线圈都由一根实线和一根虚线组成。在双层叠式绕组中，每一个极相组（又称线圈组）中的线圈都是依次串联的，不同磁极下的各个极相组之间视具体需要既可接成串联，也可接成并联。

图 2-7 单层链式绕组（$Z_1 = 24$，$2p = 4$，$a = 1$）

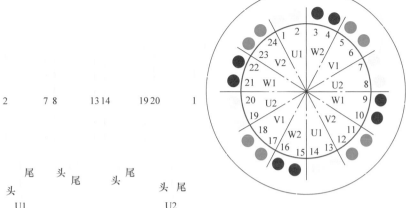

| 2 | 7 8 | 13 14 | 19 20 | 1 |

尾 头 尾 头 尾
头 尾
U1 U2

a) 一相绕组展开图　　　　　　　　　　b) 一相绕组端部示意图

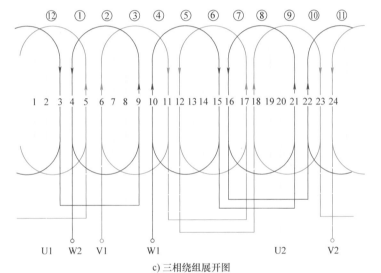

c) 三相绕组展开图

扫一扫看视频

图 2-8 单层交叉式绕组（$Z_1 = 36$，$2p = 4$，$a = 1$）

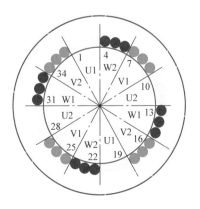

扫一扫看视频

| 11 | 20 | 29 |
| 2 3 10 12 | 19 21 | 28 30 | 1 |

尾 头
头 尾 头 尾 头 尾

U1 U2

a) 一相绕组展开图　　　　　　　　　　b) 一相绕组端部示意图

图 2-8　单层交叉式绕组（$Z_1 = 36$，$2p = 4$，$a = 1$）（续）

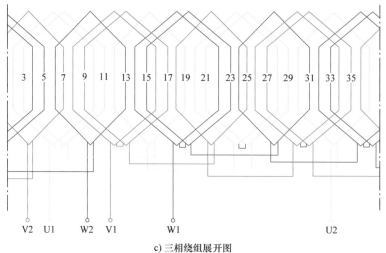

c) 三相绕组展开图

图 2-9　三相双层叠式绕组展开图（$Z_1 = 36$，$2p = 4$，$a = 1$）

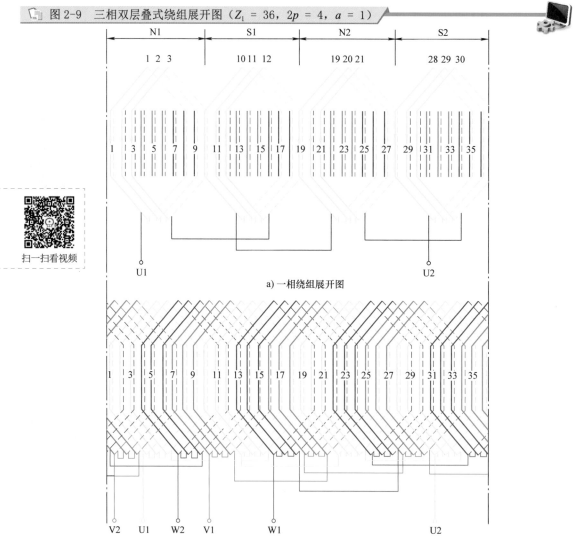

a) 一相绕组展开图

扫一扫看视频

b) 三相绕组展开图

2.3 单相绕组

2.3.1 单相同心式绕组

单相异步电动机的同心式绕组是由几个轴线重合且节距（又称跨距）不同的线圈串联组成的，每个线圈组中各个线圈具有相同的匝数。

由于电阻分相起动电动机和电容分相起动电动机的运行性能主要取决于主绕组（因为副绕组不参与运行），所以通常主绕组的线圈数量比副绕组的线圈数量多，而且主绕组线圈的匝数比副绕组线圈的匝数多，主绕组电磁线的截面积比副绕组电磁线的截面积大。

对于电容运转电动机和双值电容电动机，由于主、副绕组都参与运行，故两套绕组的线圈数量、线圈匝数及电磁线截面积均基本相同。

2.3.2 单相正弦绕组

单相异步电动机的正弦绕组一般都采用同心式绕组结构，但其特点是组成每一个极相组（线圈组）的各个线圈的匝数不相等。其具体要求是使属于同一相绕组的各槽内的导体数按正弦规律分布。这样，当同一相电流流过该相所有匝数不等的同心式线圈时，由于各槽中电流之和与槽内导体数成正比，故槽电流分布也符合正弦波形，进而使绕组建立的磁场空间分布波形也接近正弦波形，所以称这种结构的绕组为正弦绕组。

图 2-10 是以百分数表示的正弦绕组各槽导体分布图（图中将主绕组槽内导体数最多的作为 100%），与之对应的正弦绕组展开图如图 2-11 所示。当同一槽内嵌有主、副绕组两个线圈的边时，一般将主绕组放置在槽的下层，将副绕组放置在槽的上层，上、下层之间应垫入层间绝缘。

📄 **图 2-10　24 槽 4 极正弦绕组各槽导体分布图**

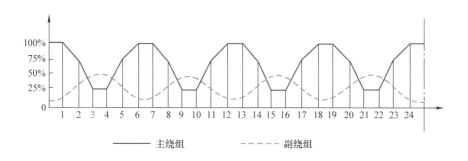

扫一扫看视频

在正弦绕组中，各个同心线圈的匝数是不相等的，每个槽内放置的线圈的匝数占每相每极总匝数的百分比可按有关公式计算，也可查表求得。

正弦绕组的主要优点是：能显著地削弱高次谐波，使气隙磁场的分布尽可能地接近正弦波，从而降低杂散损耗和电磁噪声，提高效率，改善电动机的起动性能和运行性能。其缺点是：由于各线圈的匝数不同，使线圈绕制工艺复杂、费工时，有些槽的槽满率较低，降低了铁心的利用率。

图 2-11　24 槽 4 极正弦绕组展开图

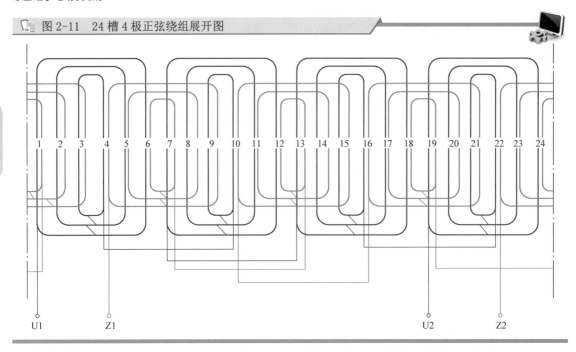

22

2.3.3 单相罩极绕组

罩极单相异步电动机按定子结构可分为凸极式和隐极式两种。

凸极式罩极单相异步电动机的主绕组是集中绕组，套在定子磁极上；副绕组是一个短路环，套在磁极极靴的一部分上，如图 1-4 所示。

隐极式罩极单相异步电动机的主、副绕组都是分布绕组，分别嵌放在定子铁心的槽内。为了保证电动机性能良好，应使主、副绕组的轴线在空间相隔一定的电角度（一般为 $40° \sim 60°$）。其副绕组串联后自行短路，故称为罩极绕组。

18 槽 2 极隐极式罩极单相异步电动机定子绕组展开图如图 2-12 所示。为了改善电动机的起动性能和运行性能，隐极式罩极单相异步电动机的主绕组也可按正弦规律分布在各槽中。

图 2-12　18 槽 2 极隐极式罩极单相异步电动机定子绕组展开图

主绕组轴线

副绕组轴线

U1　　　　U2

扫一扫看视频

a) 绕组位置示意图　　　　　　b) 绕组展开图

隐极式罩极单相异步电动机的副绕组是闭合绕组，故其线圈的匝数很少（一般仅几匝），但其电磁线截面积很大。该绕组的线圈可以集中放在两个槽内，也可分散地嵌在较多的槽内。

2.4 三相绕组图的识读

2.4.1 三相绕组展开图识读方法和步骤

识读三相异步电动机定子绕组展开图的方法步骤如下：

（1）观察线圈的节距，判断电动机的极数

电动机定子绕组的节距 y 一般近似等于电动机的极距 τ（普通三相异步电动机 $y \leqslant \tau$），电动机的极数 $2p = \dfrac{Z_1}{\tau}$。所以，根据电动机定子的槽数 Z_1 和定子绕组的节距 y，就可以估算出电动机的极数，然后取接近的整数（而且还应该是偶数）。

> 例如：一台三相异步电动机，定子槽数 $Z_1 = 36$，线圈的节距 $y = 8$（如线圈的一个边在 1 号槽，另一个边在 9 号槽，又称跨距为 1—9），则该电动机的极数 $2p = \dfrac{Z_1}{\tau} \approx \dfrac{Z_1}{y} = \dfrac{36}{8} = 4.5$，故该电动机的极数 $2p$ 为 4（取近似的整数，并且应该取偶数）。

（2）观察槽内线圈边的个数，判断绕组的层数

如果电动机定子铁心的每一个槽内均只有一个线圈边，则该电动机的绕组就是单层绕组；如果电动机定子铁心的每一个槽内均有两个线圈边，则该电动机的绕组就是双层绕组；如果电动机定子铁心中有的槽内只有一个线圈边，而有的槽内有两个线圈边，则该电动机的绕组就是单双层绕组。

（3）计算每极每相槽数 q

根据电动机的相数 m、定子的槽数 Z_1，计算电动机定子绕组的每极每相槽数 q，

对于 60° 相带的绕组，有

$$q = \frac{Z_1}{2pm}$$

对于 120° 相带的绕组，有

$$q = \frac{Z_1}{pm}$$

一般情况下，普通三相异步电动机常采用 60° 相带的绕组，变极多速三相异步电动机一般少极数常采用 60° 相带的绕组，多极数常采用 120° 相带的绕组。

如果每极每相槽数 q 为整数，则为整数槽绕组；如果每极每相槽数 q 不是整数，则为分数槽绕组。普通三相异步电动机常采用整数槽绕组。

（4）根据线圈的结构特点，判断绕组的型式

对于单层绕组，有

1）当 $q = 2$ 时，如果每个线圈组由一个线圈构成，则为单层链式绕组；如果每个线圈组由两个线圈（一个大线圈和一个小线圈）构成，小线圈外套大线圈，则为单层同心式绕组。应当注意，当电动机每极每相槽数 $q = 2$ 时，多数情况下采用单层链式绕组，有时也采用单层同心式绕组。

2）当 $q = 3$ 时，如果每个线圈组由三个线圈（一个大线圈、一个中线圈和一个小线圈）构成，小线圈外套中线圈，而中线圈外套大线圈，则为单层同心式绕组；如果有的线圈组由两个节距大的线圈构成，有的线圈组由一个节距小的线圈构成，则为单层交叉式绕组。应当注意，当电动机每极每相槽数 $q = 3$ 时，多数情况下采用单层交叉式绕组。

3）当 $q=4$ 时，如果每个线圈组由两个线圈（一个大线圈和一个小线圈）构成，小线圈外套大线圈，而且每相绕组线圈组的个数等于电动机的极数 $2p$，则为单层同心式绕组。应当注意，当电动机每极每相槽数 $q=4$ 时，多数情况下采用单层同心式绕组。

4）当 $q=5$ 时，如果有的线圈组由三个线圈（一个大线圈、一个中线圈和一个小线圈）构成，小线圈外套中线圈，而中线圈外套大线圈，而有的线圈组由两个线圈（一个大线圈和一个小线圈）构成，小线圈外套大线圈，而且每相绕组线圈组的个数等于电动机的极数 $2p$，则为单层同心式绕组；如果线圈组由五个节距相同的线圈构成，则为单层等元件式绕组。应当注意，当电动机每极每相槽数 $q=5$ 时，多数情况下采用单层同心式绕组。

5）当 $q=6$ 时，如果每个线圈组均由三个线圈（一个大线圈、一个中线圈和一个小线圈）构成，小线圈外套中线圈，而中线圈外套大线圈，而且每相绕组的线圈组的个数等于电动机的极数 $2p$，则为单层同心式绕组。应当注意，当电动机每极每相槽数 $q=6$ 时，多数情况下采用单层同心式绕组。

对于双层绕组，有

1）注意观察每个线圈的两个出线端。如果线圈的两个出线端向该线圈的轴线（中心线）合拢，则为双层叠式绕组；如果线圈的两个出线端向该线圈的两侧分开，则为双层波式绕组。

2）注意比较线圈的节距 y 和极距 τ。如果 $y<\tau$，则为双层短距绕组；如果 $y=\tau$，则为双层整距绕组；如果 $y>\tau$，则为双层长距绕组。普通三相异步电动机常采用双层短距绕组。

（5）根据每相绕组中各个线圈组之间的连接，判断绕组的并联支路数 a

以 A 相绕组为例，通常以该相绕组的首端 A 开始观察，如果从 A 端开始，依次将 A 相绕组的全部线圈组串联成一条支路，则电动机的并联支路数 $a=1$；如果从 A 端开始，将 A 相绕组的全部线圈组分成两条支路，则电动机的并联支路数 $a=2$，依此类推。

2.4.2　三相绕组展开图识读实例

例 2-1　已知一台三相异步电动机的定子绕组展开图如图 2-13 所示，试判断该电动机定子绕组的型式、极数 $2p$、极距 τ、节距 y 和并联支路数 a。

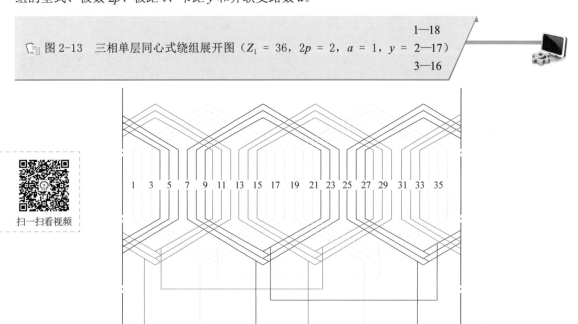

图 2-13　三相单层同心式绕组展开图（$Z_1=36$，$2p=2$，$a=1$，$y=2\text{—}17$）

1—18

3—16

扫一扫看视频

解：

（1）电动机的极数

因为定子槽数 $Z_1 = 36$，一个大线圈的节距 $y = 17$（跨距为 1—18），一个中线圈的节距 $y = 15$（跨距为 2—17），一个小线圈的节距 $y = 13$（跨距为 3—16），其平均节距为 $y = \dfrac{17 + 15 + 13}{3} = 15$，则该电动机的极数 $2p = \dfrac{Z_1}{\tau} \approx \dfrac{Z_1}{y} = \dfrac{36}{15} = 2.4$，近似的偶数为 2 或 4。因为除变极多速电动机外，一般电动机的定子绕组多为短距或整距绕组（$y \leqslant \tau$），所以极数 $2p$ 应取较小的偶数，故该电动机的极数 $2p$ 为 2。因此，该电动机的极距 τ 为

$$\tau = \frac{Z_1}{2p} = \frac{36}{2} = 18$$

（2）绕组的层数

因为电动机定子铁心的每一个槽内均只有一个线圈边，所以该电动机的绕组就是单层绕组。

（3）计算每极每相槽数 q

因为除变极多速电动机外，一般电动机的定子绕组多为 60° 相带的绕组。根据电动机的相数 m、定子的槽数 Z_1，计算电动机定子绕组的每极每相槽数 q。对于 60° 相带的绕组有

$$q = \frac{Z_1}{2pm} = \frac{36}{2 \times 3} = 6$$

（4）绕组的型式

因为该电动机定子绕组的每极每相槽数 $q = 6$，每个线圈组均由三个线圈（一个大线圈、一个中线圈和一个小线圈）构成，小线圈外套中线圈，而中线圈外套大线圈，而且每相绕组的线圈组的个数等于电动机的极数 $2p$，所以该绕组为单层同心式绕组。

（5）绕组的并联支路数 a

以 A 相绕组为例，从该相绕组的首端 A 开始观察，电动机的并联支路数 $a = 1$，A 相电源直接进入 1 号槽，构成了一条支路。

2.4.3 三相绕组端部布线图的识读

1 定子绕组端部布线图的特点与识读方法

三相异步电动机定子绕组端部布线图（又称定子绕组端视图）重点描述的是三相绕组中各个极相组（线圈组）之间的连接方法，以及各相绕组首末端引出线的位置等。定子绕组端部布线图的主要特点如下：

1）定子绕组端部布线图直观，易于识读。

2）定子绕组端部布线图的形状为一个圆环，该圆环由定子槽和各个线圈的端接部分构成。

3）在单层绕组端部布线图中，每一个定子槽用一个"○"表示，全部定子槽围成一个大圆圈；在双层绕组端部布线图中，每一个定子槽用两个"○"表示，全部定子槽围成两个圆圈（一个小圆圈和一个大圆圈），而且两个圆圈同心，其中小圆圈中的各个"○"表示各定子槽的上层，大圆圈中的各个"○"表示各定子槽的下层。在双层绕组中，每个线圈的一个有效边位于定子槽的上层，另一个有效边位于定子槽的下层。

4）在定子绕组端部布线图中，各个线圈的端接部分分别绘制成一段圆弧（或绘制成一段折线），即每一段圆弧代表一个线圈。

5）利用定子绕组端部布线图，可以了解各个线圈的节距（即线圈的跨距）。

6）利用定子绕组端部布线图，可以了解该电动机极数 $2p$、定子绕组极相组（线圈组）个数以及各个极相组（线圈组）之间的连接规律。

7）利用定子绕组端部布线图，还可以了解该电动机定子绕组的并联支路数 a 以及各相绕组首末端引出线的位置。

8）利用定子绕组端部布线图，可以了解各个极相组（线圈组）所包含的线圈号（或线圈上层边所在的槽号）。

2 定子绕组端部布线图的识读实例

例 2-2 已知一台三相异步电动机的定子绕组端部布线图如图 2-14 所示，试判断该电动机定子绕组的型式、极数 $2p$、极距 τ、节距 y 和并联支路数 a。

图 2-14 三相单层交叉式绕组端部布线图（$Z_1 = 36$，$2p = 4$，$a = 1$）

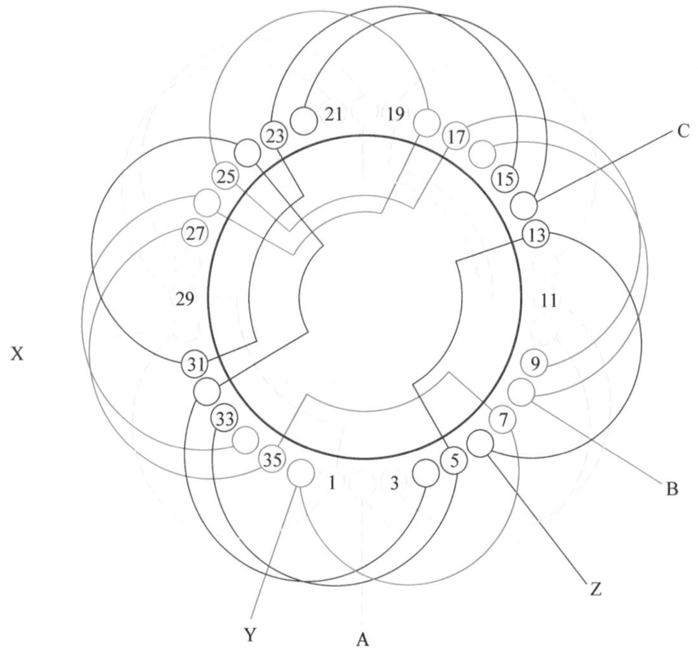

扫一扫看视频

解：

（1）电动机的极数

因为定子槽数 $Z_1 = 36$，两个大线圈的节距 $y = 8$（跨距分别为 2—10 和 3—11），一个小线圈的节距 $y = 7$（跨距为 30—1），其平均节距为 $y = \dfrac{8+8+7}{3} \approx 7.67$，则该电动机的极数 $2p = \dfrac{Z_1}{\tau} \approx \dfrac{Z_1}{y} \approx \dfrac{36}{7.67} = 4.69$，近似的偶数为 4。故该电动机的极数 $2p$ 为 4。因此，该电动机的极距 τ 为

$$\tau = \frac{Z_1}{2p} = \frac{36}{4} = 9$$

（2）绕组的层数

因为绕组端部布线图中，每一个定子槽用一个"○"表示，全部定子槽围成一个大圆圈，所

以该电动机的绕组就是单层绕组。

（3）计算每极每相槽数 q

因为除变极多速电动机外，一般电动机的定子绕组多为 60° 相带的绕组。根据电动机的相数 m、定子的槽数 Z_1，计算电动机定子绕组的每极每相槽数 q。对于 60° 相带的绕组有

$$q = \frac{Z_1}{2pm} = \frac{36}{4 \times 3} = 3$$

（4）绕组的型式

因为该电动机定子绕组的每极每相槽数 $q = 3$，有的线圈组由两个节距大的线圈构成，有的线圈组由一个节距小的线圈构成，所以该绕组为单层交叉式绕组。

（5）绕组的并联支路数 a

以 A 相绕组为例，从该相绕组的首端 A 开始观察，电动机的并联支路数 $a = 1$。A 相电源直接进入 2 号槽，构成了一条支路。

例 2-3　已知一台三相异步电动机的定子绕组端部布线图如图 2-15 所示，试判断该电动机定子绕组的型式、极数 $2p$、极距 τ、节距 y 和并联支路数 a。

图 2-15　三相双层叠式绕组端部布线图（$Z_1 = 12$，$2p = 2$，$a = 1$）

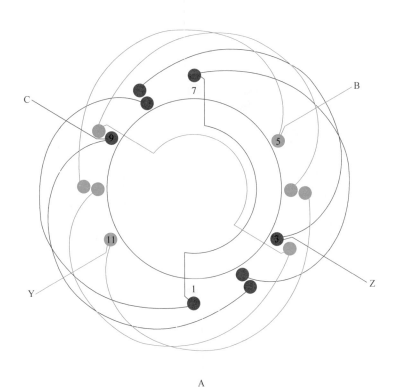

解：

（1）电动机的极数

因为定子槽数 $Z_1 = 12$，两个为一组，线圈的节距 $y = 5$（跨距分别为 1—6）。则该电动机的极数 $2p = \frac{Z_1}{\tau} \approx \frac{Z_1}{y} = \frac{12}{5} = 2.4$，近似的偶数为 2。故该电动机的极数 $2p$ 为 2。因此该电动机的极距 τ 为

$$\tau = \frac{Z_1}{2p} = \frac{12}{2} = 6$$

（2）绕组的层数

因为在绕组端部布线图中，每一个定子槽用两个"○"表示，全部定子槽围成两个圆圈（一个小圆圈和一个大圆圈），而且两个圆圈同心，其中小圆圈中的各个"○"表示各定子槽的上层，大圆圈中的各个"○"表示各定子槽的下层，在双层绕组中，每个线圈的一个有效边位于定子槽的上层，另一个有效边位于定子槽的下层，所以该电动机的绕组就是双层绕组。

（3）计算每极每相槽数 q

因为除变极多速电动机外，一般电动机的定子绕组多为 $60°$ 相带的绕组。根据电动机的相数 m、定子的槽数 Z_1，计算电动机定子绕组的每极每相槽数 q。对于 $60°$ 相带的绕组有

$$q = \frac{Z_1}{2pm} = \frac{12}{2 \times 3} = 2$$

（4）绕组的型式

观察每个线圈的两个出线端，因为每个线圈的两个出线端向该线圈的轴线（中心线）合拢，所以，该绕组为双层叠式绕组。

该电动机线圈的节距 $y = 5$，极距 $\tau = 6$。因为 $y < \tau$，所以该电动机的绕组为双层短距绕组。

（5）绕组的并联支路数 a

以 A 相绕组为例，从该相绕组的首端 A 开始观察，电动机的并联支路数 $a = 1$。A 相电源直接进入 1 号槽，构成了一条支路。

2.4.4　三相绕组接线圆图的识读

1　定子绕组接线圆图的特点与识读方法

三相异步电动机定子绕组接线圆图（又称定子绕组接线简图或定子绕组接线图）重点描述的是三相绕组中各个极相组（线圈组）之间的连接方法，以及各相绕组首末端引出线的位置等。定子绕组接线圆图的主要特点如下：

1）定子绕组接线圆图的绘制方法简单，易于识读。

2）定子绕组接线圆图的形状为一个圆环，该圆环由许多圆弧构成。

3）定子绕组接线圆图中的每一段圆弧代表一个极相组（线圈组）。例如，三相四极双层绕组接线圆图如图 2-16 和图 2-17 所示。

4）利用定子绕组接线圆图，可以了解该电动机极数 $2p$、定子绕组极相组（线圈组）个数以及各个极相组（线圈组）之间的连接规律。

5）利用定子绕组接线圆图，可以了解该电动机定子绕组的并联支路数 a 以及各相绕组首末端引出线的位置。

6）利用定子绕组接线圆图，可以了解各个极相组（线圈组）所包含的线圈号（或线圈上层边所在的槽号），但是不能了解线圈的节距 y。

2　绘制定子绕组接线圆图的方法和步骤

设每相绕组有 n 个极相组（线圈组）。

1）根据三相绕组总的线圈组个数 $3n$，画出 $3n$ 段"▬▭"圆弧，构成一个圆环。将未涂色的一端称为该线圈组的首端（又称该线圈组的头）；将已涂色的一端称为该线圈组的末端（又称该

线圈组的尾）。当然也可以将已涂色的一端称为该线圈组的首端，将未涂色的一端称为该线圈组的末端，但在整个绕组接线圆图中，表示的方法应一致。

图 2-16 三相四极双层叠式绕组接线圆图（1）（$Z_1 = 36$，$2p = 4$，$a = 1$）

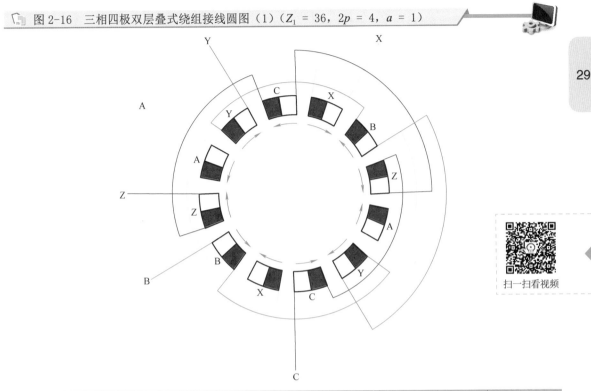

图 2-17 三相四极双层叠式绕组接线圆图（2）（$Z_1 = 36$，$2p = 4$，$a = 1$）

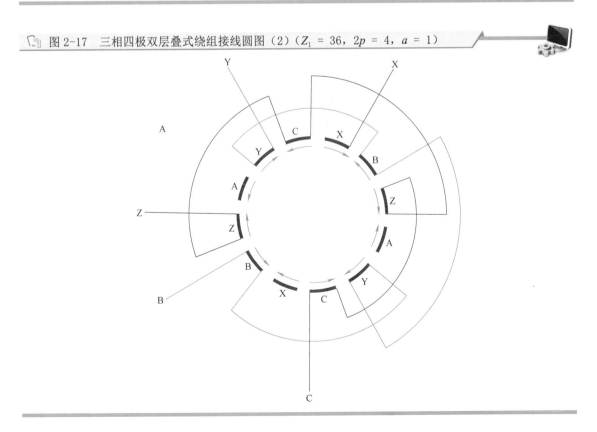

也可以根据三相绕组总的线圈组个数 $3n$，画出 $3n$ 段圆弧，构成一个圆环。以逆时针方向观察各段圆弧，将先观察到的一端称为该线圈组的首端（又称该线圈组的头）；将后观察到的一端称为该线圈组的末端（又称该线圈组的尾）。也可以以顺时针方向观察各段圆弧，将先观察到的一端称为该线圈组的首端，将后观察到的一端称为该线圈组的末端，但在整个绕组接线圆图中，表示的方法应一致。

2）沿逆时针（或顺时针）方向，在各段圆弧上标注其所属相别：

对于 60° 相带的绕组其排列顺序为：A、Z、B、X、C、Y、A、Z、B、X、C、Y……

对于 120° 相带的绕组其排列顺序为：A、B、C、A、B、C……

3）标注各个线圈组中电流的正方向，其标注原则是，相邻的极相组，同相电流方向相同，异相电流方向相反，即表示电流方向的箭头应该为一正一反、一正一反……

4）连接属于 A 相绕组的各个极相组（线圈组）。首先确定 A 相的首端 A，然后根据并联支路数 a 和极相组（线圈组）中的电流方向，完成 A 相绕组的连接。

5）根据极相组（线圈组）中的电流正方向，确定 B、C 相绕组的首端，然后根据并联支路数 a 和极相组（线圈组）中的电流方向，连接属于 B、C 相绕组的各个极相组（线圈组）。

3 定子绕组接线圆图识读实例

例 2-4 已知一台三相异步电动机的定子绕组接线圆图如图 2-18 所示，该绕组为 60° 相带的绕组。试判断该电动机定子绕组的接线规律、种类、并联支路数 a、极数 $2p$、绕组的层数、定子槽数 Z_1，并判断绕组的型式。

图 2-18 三相四极双层叠式绕组接线圆图（$Z_1 = 36$，$2p = 4$，$a = 2$）

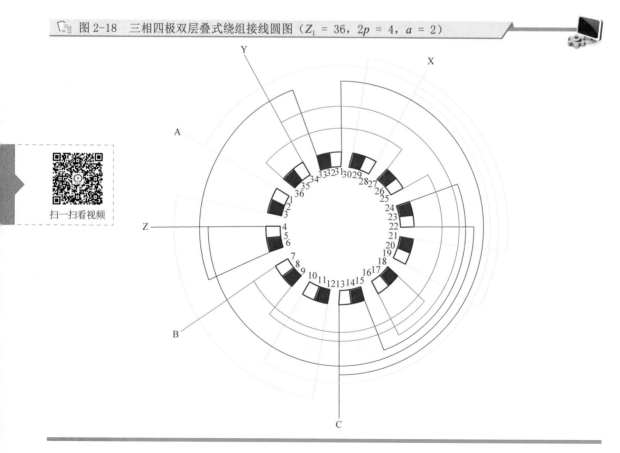

扫一扫看视频

解：

（1）观察极相组（线圈组）之间的连接规律，判断绕组的种类

由于图 2-18 中各个极相组（线圈组）之间的连接规律是"头接头，尾接尾"，所以该绕组为显极式绕组 [即电动机的极数等于每相绕组的线圈组数，因为这种情况下，各个极相组（线圈组）之间的连接规律是"头接头，尾接尾"]。

（2）根据每相绕组中各个极相组（线圈组）之间的连接，判断绕组的并联支路数 a

以 A 相绕组为例，从该相绕组的首端 A 开始观察，发现是依次将 A 相绕组的全部线圈组串联成两条支路，直至该相绕组的末端 X，所以该电动机的并联支路数 $a = 2$。

（3）观察每相极相组（线圈组）的个数 n，判断电动机的极数 $2p$

因为图 2-18 所示的三相交流电动机总共有 12 个极相组（线圈组），所以每相的极相组（线圈组）的个数 $n = \dfrac{12}{3} = 4$。

因为绕组为显极式绕组，所以有

$$2p = n = 4$$

（4）根据极相组（线圈组）旁标出的数字，判断绕组的层数

因为在整个绕组接线图中，极相组（线圈组）旁标出的数字是连续的，表示每个定子槽内都有线圈的上层边，所以该绕组应为双层绕组。

（5）根据极相组（线圈组）旁标出的数字和绕组的层数，判断定子槽数 Z_1

因为对于双层绕组，极相组（线圈组）旁标出的最大数字即为定子槽数 Z_1，所以该电动机的定子槽数 $Z_1 = 36$。

（6）根据定子槽数 Z_1 和电动机的极数 $2p$，计算每极每相槽数 q

因为该绕组为 60° 相带的绕组，所以该电动机每极每相槽数 q 为

$$q = \frac{Z_1}{2pm} = \frac{36}{4 \times 3} = 3$$

（7）根据线圈的结构特点，判断绕组的型式

因为该电动机是双层绕组，如果该电动机是中小型三相异步电动机，估计是三相双层叠式绕组。

例 2-5 已知一台三相异步电动机的定子绕组接线圆图如图 2-19 所示，该绕组为 60° 相带的绕组。试判断该电动机定子绕组的接线规律、种类、并联支路数 a、极数 $2p$、绕组的层数、定子槽数 Z_1，并判断绕组的型式。

解：

（1）观察极相组（线圈组）之间的连接规律，判断绕组的种类

由于图 2-19 中各个极相组（线圈组）之间的连接规律是"头接头，尾接尾"，所以该绕组为显极式绕组。

（2）根据每相绕组中各个极相组（线圈组）之间的连接，判断绕组的并联支路数 a

以 A 相绕组为例，从该相绕组的首端 A 开始观察，发现是将 A 相绕组的全部线圈组串联成了一条支路，直至该相绕组的末端 X，所以该电动机的并联支路数 $a = 1$。

（3）观察每相极相组（线圈组）的个数 n，判断电动机的极数 $2p$

因为图 2-19 所示的三相交流电动机，总共有 6 个极相组（线圈组），所以每相的极相组（线圈组）的个数 $n = \dfrac{6}{3} = 2$。

图 2-19 三相单层同心式绕组接线圆图（$Z_1 = 36$，$2p = 2$，$a = 1$）

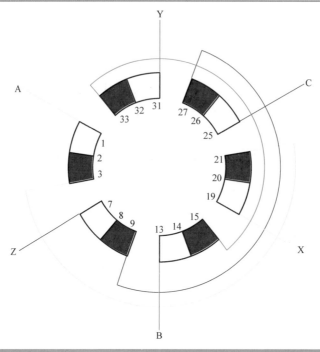

因为绕组为显极式绕组，所以有

$$2p = n = 2$$

（4）根据极相组（线圈组）旁标出的数字，判断绕组的层数

因为在整个绕组接线图中，极相组（线圈组）旁标出的数字是断续的，则表示有的定子槽内有线圈的"上层边"，有的定子槽内没有线圈的"上层边"，所以该绕组应为单层绕组（或单双层混合绕组）。

（5）根据极相组（线圈组）旁标出的数字和绕组的层数，判断定子槽数 Z_1

因为对于单层绕组（或单双层混合绕组），极相组（线圈组）旁标出的最大数字为 33，所以参考定子常用槽数，得出该电动机的定子槽数 $Z_1 = 36$。

（6）根据定子槽数 Z_1 和电动机的极数 $2p$，计算每极每相槽数 q

因为该绕组为 60° 相带的绕组，所以该电动机每极每相槽数 q 为

$$q = \frac{Z_1}{2pm} = \frac{36}{2 \times 3} = 6$$

（7）根据线圈的结构特点，判断绕组的型式

因为该电动机的每极每相槽数 $q = 6$，而且每个线圈组均由三个线圈构成、每相绕组的线圈组的个数等于电动机的极数 $2p$，所以估计该电动机为单层同心式绕组。

2.5 单相绕组展开图的识读

2.5.1 单相异步电动机正弦绕组展开图

例 2-6 单相 2 极 12 槽正弦绕组 1 路接法展开图如图 2-20 和图 2-21 所示，试判断该电动机定子绕组的层数、型式、并联支路数以及电动机的极数。

📋 图 2-20　2 极 12 槽正弦绕组 1 路接法展开图

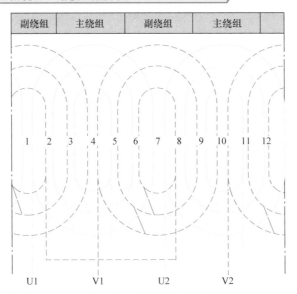

📋 图 2-21　2 极 12 槽正弦绕组 1 路接法端部分布图

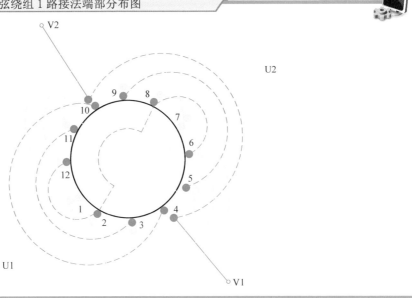

解：

（1）电动机的极数

由图 2-20 和图 2-21 可知，该电动机定子槽数 $Z_1 = 12$，主绕组（图中的 U 相）由两个线圈组构成，每个线圈组由大、中、小三个线圈构成，线圈的节距分别为 $y_1 = 6$（跨距为 1—7）、$y_2 = 4$（跨距为 2—6）、$y_3 = 2$（跨距为 3—5）。从图中可以看出，其主绕组的两个线圈组在电动机中产生了两极磁场，故该电动机的极数 $2p$ 为 2。主绕组的两个线圈组是串联的，图中 U1 和 U2 分别为主绕组的首端和末端。

从图 2-20 还可以看出，该电动机的副绕组（图中的 V 相）有两个线圈组构成，每个线圈组由大、中、小三个线圈构成，线圈的节距分别为 $y_1 = 6$（跨距为 4—10）、$y_2 = 4$（跨距为 5—9）、

$y_3 = 2$（跨距为 6—8）。从图中可以看出，其副绕组的两个线圈组在电动机中产生了两极磁场，故该电动机的极数 $2p$ 为 2。副绕组的两个线圈组是串联的，图中 V1 和 V2 分别为副绕组的首端和末端。

（2）绕组的层数

从图 2-20 中可以发现，该电动机的槽中都有两个线圈边，所以为双层绕组。

（3）绕组的型式

因为该电动机主绕组的首末端 U1 和 U2 可直接接单相电源，而副绕组的首末端 V1 和 V2 可以串联电容器后接单相电源，所以如果每个线圈组中的各个线圈的匝数不同，则该电动机的定子绕组为单相正弦绕组。

（4）绕组的并联支路数

从该主绕组的首端 U1（或 V1）开始观察，电动机的并联支路数 $a = 1$。

2.5.2　单相异步电动机罩极绕组展开图

隐极式罩极单相异步电动机定子绕组展开图如图 2-12 所示。为了改善电动机的起动性能和运行性能，隐极式罩极单相异步电动机的主绕组也可按正弦规律分布在各槽中。

隐极式罩极单相异步电动机的副绕组是闭合绕组，故其线圈的匝数很少（一般仅几匝），而其电磁线截面积很大。该绕组的线圈可以集中放在两个槽内，也可分散地嵌在较多的槽内。

识读图 2-12 的方法步骤如下：

（1）电动机的极数

由图 2-12 可知，该电动机定子槽数 $Z_1 = 18$，主绕组（图中的 U 相）由两个线圈组构成，每个线圈组由大、中、小三个线圈构成，线圈的节距分别为 $y_1 = 8$（跨距为 1—9）、$y_2 = 6$（跨距为 2—8）、$y_3 = 4$（跨距为 3—7）。从图中可以看出，其主绕组的两个线圈组在电动机中产生了两极磁场，故该电动机的极数 $2p$ 为 2。主绕组的两个线圈组是串联的，图中 U1 和 U2 分别为主绕组的首端和末端。

从图 2-12 还可以看出，该电动机的副绕组（图中的虚线）由两个线圈组构成，每个线圈组由大、小两个线圈构成，线圈的节距分别为 $y_1 = 8$（跨距为 3—11）、$y_2 = 6$（跨距为 4—10）。从图中可以看出，其副绕组的两个线圈组串联后构成了一个闭合回路。

（2）绕组的层数

从图 2-12 中可以发现，该电动机有的槽中有两个线圈边，有的槽中只有一个线圈边，还有的槽中没有线圈边，所以该绕组应为单层绕组（或单双层混合绕组）。

（3）绕组的型式

因为该电动机主绕组的首末端 U1 和 U2 接单相电源，而副绕组自行短路，所以该电动机的定子绕组为单相罩极绕组。

（4）绕组的并联支路数

从该主绕组的首端 U1 开始观察，电动机的并联支路数 $a = 1$，即主绕组的两个线圈组串联后，接单相电源。

第**3**章 电动机维修常用工具和材料

3.1 电动机维修常用工具

3.1.1 测量电磁线常用量具

1 外径千分尺

外径千分尺是一种精密量具，常用来测量电磁线外径。外径千分尺如图 3-1 所示。

图 3-1 外径千分尺

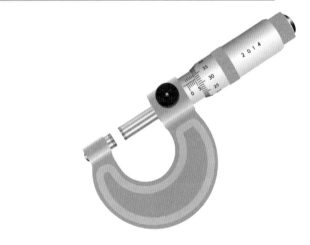

a)

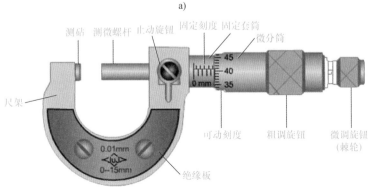

b)

扫一扫看视频

在尺架上有测砧，测微螺杆与微分筒相连，沿顺时针方向转动微分筒时，测微螺杆向测砧靠近，直至接触上；反之，测微螺杆远离测砧。外径千分尺的使用方法如下：

1）使用前应先对外径千分尺进行检查。检查时，转动棘轮，使两个测量面接合，无间隙，此时使基准线对准"0"位，如图3-2a所示。

2）用左手握住尺架的绝热板（避免因手温造成测量误差），右手先轻轻转动微分筒接触被测电磁线或工件后，再轻轻转动棘轮，如图3-2b所示。当测力装置发出打滑的声音时，便可读数。

3）被测电磁线或工件的直径，可从两套管上的分度直接读出。读数时，从固定套管（主尺）上读出毫米的整数值，再从微分筒上读出毫米小数点后的两位数，然后把两个数加起来即可，如图3-2c所示。

4）测量时，可多测几点，取平均值。

图 3-2　外径千分尺的使用方法

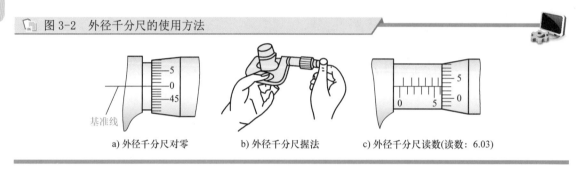

a) 外径千分尺对零　　　　b) 外径千分尺握法　　　　c) 外径千分尺读数(读数：6.03)

2　游标卡尺

游标卡尺属于较精密、多用途的量具，一般有 0.1mm、0.05mm、0.02mm 三种规格，游标卡尺如图3-3所示。

图 3-3　游标卡尺

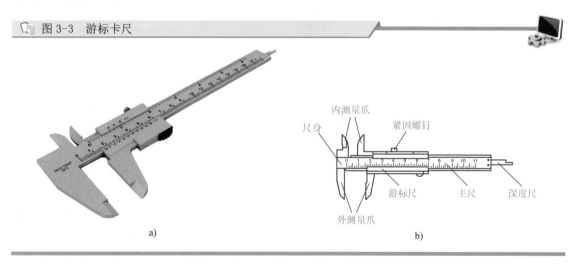

a)　　　　　　　　　　　　　　　　　b)

尺身每一分度线之间的距离为1mm，从"0"线开始，每10格为10mm，在此尺身上可直接读出毫米的整数值。游标上的分度线也是从"0"线开始，每向右一格，增加 0.10mm（或 0.05mm 或 0.02mm，与游标卡尺的规格有关）。游标卡尺的使用方法如下：

1）测量前，要做"0"标志检查，即将尺身、游标的卡爪合拢接触，其"0"线应对齐。

2）按被测电磁线或工件移动游标，卡好后便可在尺身、游标上得到读数。例如在图3-4中，尺身给出52mm，再看游标的第4格与尺身刻度对齐，所以游标给出 0.1×4mm ＝ 0.4mm。故工件总尺寸为 52mm ＋ 0.4mm ＝ 52.4mm。

3）读数时要正视，不可旁观，以防止视觉误差。

4）测量时可多测几点，取平均值。

图 3-4　游标卡尺读数举例

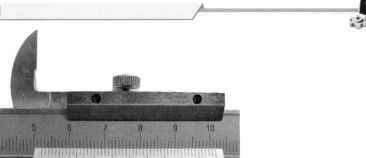

3.1.2　绕线模和绕线机

定子线圈是在绕线模上绕制而成的。绕制的线圈是否合适，取决于绕线模的尺寸是否合适，若绕线模的尺寸太小，则使线圈端部长度不足，将造成嵌线困难，甚至嵌不进去，影响嵌线质量，缩短绕组正常使用寿命；若绕线模尺寸做得太大，则绕组的电阻和端部漏电抗都将增大，使电动机的铜损耗增加，影响电动机的运行性能，而且浪费电磁线，还可能造成线圈端部过长而触碰端盖。所以合理地设计和制作绕线模是保证电动机质量的关键因素之一。

1　绕线模

绕线模由模心和夹板两部分构成，如图 3-5 所示。模心一般斜锯成两块，半块固定在上夹板上，另外半块固定在下夹板上，这样绕成线圈后容易脱模。

图 3-5　绕线模的结构

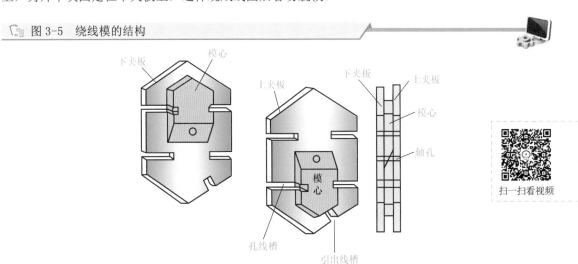

扫一扫看视频

绕线模一般用干燥的木料制作。对于大量或长期使用的绕线模，可用层压玻璃布板、塑料板或铝合金板制作。

　　夹板形状可随模心形状，也可做成长方形、八边形或其他相应形状。夹板的尺寸应视电动机而定，对于小型电动机，夹板的每个边长应比模心大出 10～15mm；较大的电动机每个边长应比模心大出 20～30mm。小型电动机夹板厚度一般取 10～12mm；较大的电动机夹板厚度一般取 15～20mm。多联模的中间夹板的厚度一般取 7～10mm。

　　绕线模还可以按每极每相的线圈个数制作，如每个极相组有 3 只线圈，则可做成 3 块模心，4 块夹板，如图 3-6 所示。绕制线圈时，可以将 3 只线圈连绕，省去线圈间的焊接，同时还可以节省工时，提高接线的质量。对于容量较小的电动机或大批量生产的电动机，还可以制作成将一相（或一条支路）内各线圈连绕的绕线模，既可省去各线圈之间的焊接，又可省去极相组之间的焊接。

图 3-6　棱形连绕线模

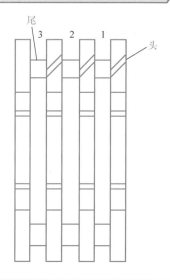

　　绕线模的尺寸除用简易方法进行计算外，还可用试槽法估算（见图 3-7），即用一根电磁线做成线圈形状，按规定的节距放入定子槽中，将线圈两端弯成椭圆形，向下按线圈两端，当线圈端部与机壳轻微相碰时，这个线圈的尺寸可作为绕线模的参考尺寸。另外，在拆除定子绕组时，也可留出一个较完整的线圈，取其中最小的一匝作为绕线模的尺寸。

图 3-7　试槽法示意图

扫一扫看视频

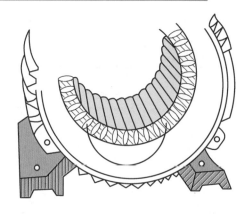

以上介绍的绕线模，都是一模一用的专用绕线模，它要耗用大量材料，很不经济。为了达到一模多用，还可以设计、制作或外购各种型式的多用绕线模。

常用多用绕线模分别如图 3-8 和图 3-9 所示。使用时，只要根据线圈尺寸调节绕线模上的螺栓即可。

图 3-8 多用绕线模

图 3-9 同心式绕组的多用绕线模

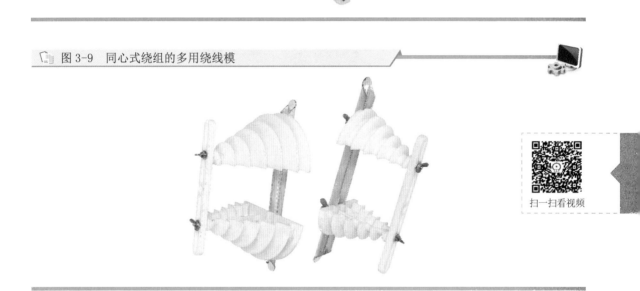

扫一扫看视频

2 绕线机

绕线机是把线状的物体缠绕到特定的工件上的机器。绕线机的种类繁多，按其用途分类，可分为通用型和专用型；按其功能分类，可分为全自动绕线机、半自动绕线机和手动绕线机等。电动机修理常用的绕线机有手动（又称手摇）和电动两种，如图 3-10 所示。

绕线机使用注意事项如下：

1）工作前应检查电源开关、制动器开关是否正常。

2）操作之前，应确定绕线机所有功能是否正常，如转动圈数是否与计数器所显示圈数保持一致等。

3）将绕线模套入绕线机转轴，用专用螺母顺时针方向拧紧。

4）检查漆包线规格和质量是否符合要求，然后空机试转 1 次，确定绕线机正常运行，才能正式绕制线圈。

5）把漆包线线头在专用钉上缠住，并留有一定的长度。

6）绕线时，应留意计数器上显示的读数，检查与设置读数是否保持一致。还应注意避免出现线圈凌乱、松动等现象。

图 3-10 常用小型绕线机

a) 手动绕线机

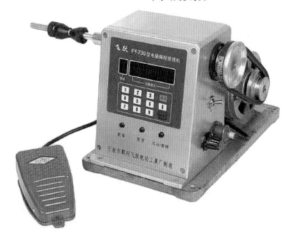

b) 电动绕线机

7）操作时发现有螺钉松动和异常声音时，应立即报告并及时维修。

8）维修设备时，应先断电源后再进行。

9）工作前必须穿戴好劳保用品，女同志应戴好工作帽以防止头发卷入。

10）绕大型线圈时不得用高速档绕制。

11）工作场地要保持清洁干净，产品及其他物品要摆放整齐。

12）滑动和转动的位置应常灌注润滑油。

3.1.3 常用嵌线工具

手工嵌线工具比较简单，常用的有压线板、划线板、穿针等。凡是与线圈接触的工具，均须圆角、表面光滑，以免损伤电磁线的绝缘层。常用嵌线工具如图 3-11 所示。

1）压线板。压线板（又称压线脚、线压子）如图 3-11a 所示，是嵌线时用来压紧槽内电磁线的工具，以便槽绝缘封口和打入槽楔。压线板一般是用钢板做成的，其压脚宽度为槽上部宽度减去 0.6 ~ 0.7mm 为宜，长度以 30 ~ 60mm 较为适宜。

2）划线板。划线板（又称滑线板、理线板）如图 3-11b 所示，一般用层压玻璃布板或竹板制成。划线板是用来理顺电磁线使其入槽的工具。嵌线时，可用划线板劈开槽口的绝缘纸，把堆积在槽口的电磁线理齐，并推向槽内两侧，使槽外的电磁线容易入槽。另外，可用它把槽内的电磁线理顺，以免交叉。划线板的厚薄应合适，一般要求能划入槽内 2/3 处。

📄 图 3-11　常用嵌线工具

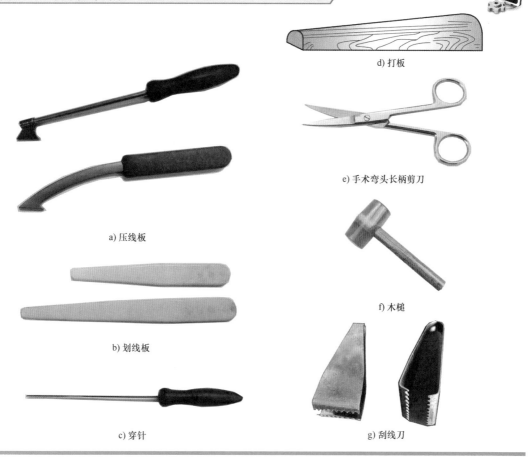

d) 打板

e) 手术弯头长柄剪刀

a) 压线板

f) 木槌

b) 划线板

c) 穿针

g) 刮线刀

　　另外还有一些其他工具，如打板是用硬木、尼龙等制作的，供整理线圈端部呈喇叭口所用；手术弯头长柄剪刀用于剪去引槽纸及修剪相间绝缘纸；穿针用于封槽时折叠槽绝缘，以便打入槽楔；刮线刀用来刮除电磁线外包绝缘等。

3.2　电动机维修常用材料

3.2.1　常用漆包线

1　常用漆包线品种、特性及主要用途（见表 3-1）

表 3-1　常用漆包线品种、特性及主要用途

类别	名称	型号	耐热等级	优点	局限性	主要用途
缩醛漆包线	缩醛漆包圆铜线	QQ-1 QQ-2	E	①热冲击性能优 ②耐刮性优 ③耐水解性良	漆膜受卷绕应力容易产生裂纹（浸渍前需在120℃左右加热1h以上，以消除应力）	适用于普通及高速中小型电动机、微电动机的绕组和油浸式变压器的绕组，以及一些电器、仪表的线圈
	缩醛漆包圆铝线	QQL-1 QQL-2				
	缩醛漆包扁铜线	QQB				
	缩醛漆包扁铝线	QQLB				

（续）

类别	名称	型号	耐热等级	优点	局限性	主要用途
聚酯漆包线	聚酯漆包圆铜线	QZ-1 QZ-2	B	① 在干燥和潮湿条件下耐电压击穿性能优 ② 软化击穿性能优	① 耐水解性差（用于密封的电动机、电器时应注意） ② 热冲击性能尚可	广泛应用于中小型电动机绕组，干式变压器，仪表的绕组
	聚酯漆包圆铝线	QZL-1 QZL-2				
	聚酯漆包扁铜线	QZB				
	聚酯漆包扁铝线	QZLB				
聚酯亚胺漆包线	聚酯亚胺漆包圆铜线	QZY-1 QZY-2	F	① 在干燥和潮湿条件下耐电压击穿性能优 ② 热冲击性能良 ③ 软化击穿性能优	在含水密封系统中易水解（用于密封的电动机、电器时应注意）	适用于高温电动机和制冷设备电动机的绕组，干式变压器的绕组和电器、仪表的线圈
	聚酯亚胺漆包圆扁铜线	QZYB				
聚酰胺酰亚胺漆包线	聚酰胺酰亚胺漆包圆铜线	QXY-1 QXY-2	H	① 耐热性优，热冲击性能及软化击穿性能优 ② 耐刮性优 ③ 在干燥和潮湿条件下耐电压击穿性能优 ④ 耐化学药品腐蚀性能优		
	聚酰胺酰亚胺漆包扁铜线	QXYB				
聚酰亚胺漆包线	聚酰亚胺漆包圆铜线	QY-1 QY-2	H	① 耐热性优 ② 热冲击性能及软化击穿性能优，能承受短期过载负荷 ③ 耐低温性优 ④ 耐溶剂及化学药品腐蚀性能优	① 耐刮性尚可 ② 耐碱性差 ③ 在含水密封系统中容易水解 ④ 漆膜受卷绕应力容易产生裂纹（浸渍前需在150℃左右加热 1h 以上，以消除应力）	适用于耐高温电动机，干式变压器
	聚酰亚胺漆包扁铜线	QYB				

2 漆包圆铜线常用数据（见表 3-2）

表 3-2 漆包圆铜线常用数据表

裸导线标称直径 /mm	允许公差 /mm	裸导线截面积 /mm²	直流电阻计算值（20℃）/（Ω/km）	漆包线最大外径 /mm		单位长度漆包线的近似质量 /（kg/km）	
				Q	QZ、QQ、QY、QXY	Q	QZ、QQ、QY、QXY
0.020	±0.002	0.00031	55587	—	0.035	—	—
0.025		0.00049	35574	—	0.040	—	—
0.030		0.00071	24704	—	0.045	—	—
0.040		0.00126	13920	—	0.055	—	—
0.050		0.00196	8949	0.065	0.065	0.019	0.022
0.060	±0.003	0.00283	6198	0.075	0.090	0.027	0.029
0.070		0.00385	4556	0.085	0.100	0.036	0.039
0.080		0.00503	3487	0.095	0.110	0.047	0.050
0.090		0.00636	2758	0.105	0.120	0.059	0.063

（续）

裸导线标称直径 /mm	允许公差 /mm	裸导线截面积 /mm²	直流电阻计算值（20℃）/（Ω/km）	漆包线最大外径 /mm		单位长度漆包线的近似质量 /（kg/km）	
				Q	QZ、QQ、QY、QXY	Q	QZ、QQ、QY、QXY
0.100	±0.005	0.00785	2237	0.120	0.130	0.073	0.076
0.110		0.00950	1846	0.130	0.140	0.088	0.092
0.120		0.01131	1551	0.140	0.150	0.104	0.108
0.130		0.01327	1322	0.150	0.160	0.122	0.126
0.140		0.01539	1139	0.160	0.170	0.141	0.145
0.150		0.01767	993	0.170	0.190	0.162	0.167
0.160		0.0201	872	0.180	0.200	0.184	0.189
0.170		0.0227	773	0.190	0.210	0.208	0.213
0.180		0.0255	689	0.200	0.220	0.233	0.237
0.190		0.0284	618	0.210	0.230	0.259	0.264
0.200		0.0314	588	0.225	0.240	0.287	0.292
0.210		0.0346	506	0.235	0.250	0.316	0.321
0.230		0.0415	422	0.255	0.280	0.378	0.386
0.250		0.0491	357	0.275	0.300	0.446	0.454
0.27	±0.010	0.0573	306	0.31	0.32	0.522	0.529
0.29		0.0661	265	0.33	0.34	0.601	0.608
0.31		0.0755	232	0.35	0.36	0.689	0.693
0.33		0.0855	205	0.37	0.38	0.780	0.784
0.35		0.0962	182	0.39	0.41	0.876	0.884
0.38		0.1134	155	0.42	0.44	1.03	1.04
0.41		0.1320	133	0.45	0.47	1.20	1.21
0.44		0.1521	115	0.49	0.50	1.38	1.39
0.47		0.1735	101	0.52	0.53	1.57	1.58
0.49		0.1886	93	0.54	0.55	1.71	1.72
0.51		0.204	85.9	0.56	0.58	1.86	1.87
0.53		0.221	79.5	0.58	0.60	2.00	2.02
0.55		0.238	73.7	0.60	0.62	2.16	2.17
0.57		0.255	68.7	0.62	0.64	2.32	2.34
0.59		0.273	64.1	0.64	0.66	2.48	2.50
0.62		0.302	58.0	0.67	0.69	2.73	2.76
0.64		0.322	54.5	0.69	0.72	2.91	2.94
0.67		0.353	49.7	0.72	0.75	3.19	3.21
0.69		0.374	46.9	0.74	0.77	3.38	3.41
0.72	±0.015	0.407	43.0	0.78	0.80	3.67	3.70
0.74		0.430	40.7	0.80	0.83	3.89	3.92
0.77		0.466	37.6	0.83	0.86	4.21	4.24
0.80		0.503	34.8	0.86	0.89	4.55	4.58
0.83		0.541	32.4	0.89	0.92	4.89	4.92
0.86		0.518	30.1	0.92	0.95	5.25	5.27
0.90		0.636	27.5	0.96	0.99	5.75	5.78
0.93		0.679	25.8	0.99	1.02	6.13	6.16
0.96		0.724	24.2	1.02	1.05	6.53	6.56
1.00		0.785	22.4	1.07	1.11	7.10	7.14

（续）

裸导线标称直径 /mm	允许公差 /mm	裸导线截面积 /mm²	直流电阻计算值（20℃）/（Ω/km）	漆包线最大外径 /mm		单位长度漆包线的近似质量 /（kg/km）	
				Q	QZ、QQ、QY、QXY	Q	QZ、QQ、QY、QXY
1.04		0.850	20.6	1.12	1.15	7.67	7.72
1.08		0.916	19.1	1.16	1.19	8.27	8.32
1.12		0.985	17.8	1.20	1.23	8.89	8.94
1.16		1.057	16.6	1.24	1.27	9.53	9.59
1.20		1.131	15.5	1.28	1.31	10.2	10.4
1.25		1.227	14.3	1.33	1.36	11.1	11.2
1.30	±0.020	1.327	13.2	1.38	1.41	12.0	12.1
1.35		1.431	12.3	1.43	1.46	12.9	13.0
1.40		1.539	11.3	1.48	1.51	13.9	14.0
1.45		1.651	10.6	1.53	1.56	14.9	15.0
1.50		1.767	9.93	1.58	1.61	15.9	16.0
1.56		1.911	9.17	1.64	1.67	17.2	17.3
1.62		2.06	8.50	1.71	1.73	18.5	18.6
1.68		2.22	7.91	1.77	1.79	19.9	20.0
1.74		2.38	7.37	1.83	1.85	21.4	21.4
1.81		2.57	6.81	1.90	1.93	23.1	23.3
1.88	±0.025	2.78	6.31	1.97	2.00	25.0	25.2
1.95		2.99	5.87	2.04	2.07	26.8	27.0
2.02		3.21	5.47	2.12	2.14	28.9	29.0
2.10		3.46	5.06	2.20	2.23	31.2	31.3
2.26	±0.030	4.01	4.37	2.36	2.39	36.2	36.3
2.44		4.68	3.75	2.54	2.57	42.1	42.2

注：表中 Q 表示油基性漆包线。

3.2.2 电动机维修常用绝缘材料

1 绝缘漆

绝缘漆主要以合成树脂或天然树脂等为漆基（成膜物质），与某些辅助材料（溶剂、稀释剂、填料、颜料等）组成。常用绝缘漆的主要性能和用途见表 3-3。

表 3-3 常用绝缘漆的主要性能和用途

名称	型号	溶剂	耐热等级	主要用途
沥青漆	1010 1011	200 号溶剂、二甲苯	A	用于浸渍电动机转子和定子线圈及其他不耐油的电器零部件
	1210 1211	200 号溶剂、二甲苯	A	用于电动机绕组的覆盖，属于晾干漆，干燥快，在不须耐油处可以替晾干灰瓷漆用
耐油性青漆	1012	200 号溶剂	A	用于浸渍电动机、电器线圈
醇酸青漆	1030	甲苯及二甲苯	B	用于浸渍电动机、电器线圈外，也可作覆盖漆和胶粘剂

（续）

名称	型号	溶剂	耐热等级	主要用途
三聚氰胺醇酸漆	1032	200 号溶剂、二甲苯	B	用于热带型电动机、电器线圈浸渍
三聚氰胺环氧树脂浸渍漆	1033	二甲苯和丁醇	B	用于浸渍湿热带电动机、变压器、电工仪表线圈以及电器零部件表面覆盖
覆盖瓷漆	1320 1321	二甲苯	E	用于电动机定子和电器线圈的覆盖及各种绝缘零部件的表面修饰
酚醛改性聚酯浸渍漆	1040	二甲苯	F	用于浸渍 F 级电动机、变压器、电器绕组
硅有机覆盖漆	1350	甲苯及二甲苯	H	用于 H 级电动机、电器线圈作表面覆盖层，可先在 110～120℃温度下预热，然后再进行 180℃烘干

2 电工常用薄膜

电工常用薄膜的性能和用途见表 3-4。

表 3-4 电工常用薄膜的性能和用途

名称	耐热等级	厚度 /mm	用途
聚丙烯薄膜	A	0.006～0.02	电容器介质
聚酯薄膜	E	0.006～0.10	低压电动机、电器线圈匝间、端部包扎、衬垫、电磁线绕包、E 级电动机槽绝缘和电容器介质
聚萘酯薄膜	F	0.02～0.10	F 级电动机槽绝缘、导线绕包绝缘和线圈端部绝缘
芳香族聚酰胺薄膜	H	0.03～0.06	E、H 级电动机槽绝缘
聚酰亚胺薄膜	C	0.03～0.06	H 级电动机、微电动机槽绝缘，电动机、电器绕组和起重电磁铁外包绝缘以及导线绕包绝缘

3 电工常用黏带

电工常用黏带的性能和用途见表 3-5。

表 3-5 电工常用黏带的性能和用途

名称	耐热等级	厚度 /mm	用途
聚酯薄膜黏带	E	0.06～0.02	耐热、耐高压，强度高。用于高低压绝缘密封
聚乙烯薄膜黏带	Y	0.22～0.26	较柔软，黏性强，耐热差。用于一般电线电缆接头包扎绝缘
聚酰亚胺薄膜黏带	H	0.05～0.08	具有良好的耐水性、耐酸性、耐溶性、抗燃性和抗氟利昂性。适用于 H 级电动机、电器线圈绕包绝缘和槽绝缘
橡胶玻璃布黏带	F	0.18～0.20	玻璃布，合成橡胶黏合剂组成
有机硅玻璃布黏带	H	0.12～0.15	有较高耐热性、耐寒性和耐潮性，以及较好的电气性能和机械性能。可用于 H 级电动机、电器线圈绝缘和导线连接绝缘
硅橡胶玻璃布黏带	H	0.19～0.25	具有耐热、耐潮、抗振动，耐化学腐蚀等特性，但抗拉强度较低。适用于高压电动机线圈绝缘
自黏性橡胶黏带	E	—	具有耐热、耐潮、抗振动，耐化学腐蚀等特性，但抗拉强度较低。适用于电缆头密封

4 电工常用复合材料

电工常用复合材料制品的性能和用途见表 3-6。

表 3-6 电工常用复合材料制品的性能和用途

名称	耐热等级	厚度 /mm	用　　途
聚酯薄膜绝缘纸复合箔	E	0.15 ~ 0.30	用于 E 级电动机槽绝缘、端部层间绝缘
聚酯薄膜玻璃漆布复合箔	B	0.17 ~ 0.24	用于 B 级电动机槽绝缘、端部层间绝缘、匝间绝缘和衬垫绝缘。可用于湿热地区
聚酯薄膜聚酯纤维纸复合箔	B	0.20 ~ 0.25	同上
聚酯薄膜芳香族聚酰胺纤维纸复合箔	F	0.25 ~ 0.30	用于 F 级电动机槽绝缘、端部层间绝缘、匝间绝缘和衬垫绝缘
聚酯亚胺薄膜芳香族聚酰胺纤维纸复合箔	H	0.25 ~ 0.30	同上，但适用于 H 级电动机

3.2.3 电动机维修常用辅助材料

1 电动机常用引接线的型号与规格

电动机常用引接线的型号与规格见表 3-7。

表 3-7 电动机常用引接线的型号与规格

产品名称	型号	额定电压 /V	连续运行导体最高温度 /℃	截面积 /mm²
铜芯聚氯乙烯绝缘电动机绕组引接电缆（电线）	JV（JBV）	500	70	0.12 ~ 50
铜芯丁腈聚氯乙烯复合物绝缘电动机绕组引接电缆（电线）	JF（JBF）			
铜芯橡胶绝缘丁腈护套电动机绕组引接电缆（电线）	JXN（JBQ）	500 1000	70	0.5 ~ 120
铜芯橡胶绝缘氯丁护套电动机绕组引接电缆（电线）	JXF（JBHF）	3000 6000		2.5 ~ 120
铜芯乙丙橡胶绝缘电动机绕组引接电缆（电线）	JE（JFE）	500 1000 3000 6000	90	0.2 ~ 10 0.2 ~ 240 2.5 ~ 240 16 ~ 240
铜芯乙丙橡胶绝缘氯磺化聚乙烯护套电动机绕组引接电缆（电线）	JEH（JFEH）	500 1000	90	0.2 ~ 120 0.2 ~ 120
铜芯乙丙橡胶绝缘氯醚护套电动机绕组引接电缆（电线）	JEM（JFEM）	3000 6000		2.5 ~ 120 16 ~ 240
铜芯氯磺化聚乙烯绝缘电动机绕组引接电缆（电线）	JH（JBYH）	500 1000 3000	90	0.2 ~ 10 0.2 ~ 240 2.5 ~ 240
铜芯硅橡胶绝缘电动机绕组引接电缆（电线）	JG（JHG）	500 1000	180	0.75 ~ 95

注：括号中的型号为老标准的型号。

2 槽楔及垫条常用材料

槽楔及垫条常用材料见表3-8。

表3-8 槽楔及垫条常用材料

耐热等级	槽绝缘及垫条的材料名称、型号、长度	槽楔推力/N
A	竹（经油煮处理）、红钢纸、电工纸板（比槽绝缘短2~3mm）	155
E	酚醛层压板3020、3021、3022、3023；酚醛层压板3025、3027（比槽绝缘短2~3mm）	200
B	酚醛层压玻璃布板3230、3231（比槽绝缘短4~6mm）；MDB复合槽楔（等于槽绝缘长度）	244
F	酚醛层压玻璃布板3240（比槽绝缘短4~6mm）；MDB复合槽楔（等于槽绝缘长度）	247
H	有机硅环氧层压玻璃布板3250 有机硅层压玻璃布板3251 聚二苯醚层压玻璃布板9330（比槽绝缘短4~6mm）	247

3.3 电动机维修常用仪表

3.3.1 钳形电流表

1 钳形电流表的用途与特点

钳形电流表又称卡表，它是用来在不切断电路的条件下测量交流电流（有些钳形电流表也可测量直流电流）的便携式仪表。

钳形电流表是由电流互感器和电流表组合而成的。电流互感器的铁心在捏紧扳手时可以张开；被测电流所通过的导线可以不必切断就可穿过铁心张开的缺口，当放开扳手后铁心闭合，即可测量导线中的电流。为了使用方便，表内还有不同量程的转换开关，供测量不同等级电流。钳形电流表测量电流示意图如图3-12所示。

图3-12 钳形电流表测量电流示意图

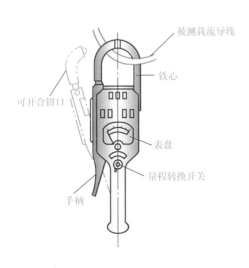

2 钳形电流表的使用

1）测量前，应检查钳形电流表的指针是否在零位，若不在零位，应调至零位。

2）用钳形电流表检测电流时，一定要夹住一根被测导线（电线）。若夹住两根（平行线）则不能检测电流。

3）钳形电流表一般通过转换开关来改变量程，也有通过更换表头来改变量程的。测量时，应对被测电流进行粗略估计，选好适当的量程。如被测电流无法估计时，应将转换开关置于最高档，然后根据测量值的大小，变换到合适的量程。对于指针式电流表，应使指针偏转满刻度的 $1/3 \sim 2/3$。

4）应注意不要在测量过程中带电切换量程，应该先将钳口打开，将载流导线退出钳口，再切换量程，以保证设备及人身安全。

5）进行测量时，被测载流导线应置于钳口的中心位置，以减少测量误差。

6）为了使读数准确，钳口的结合面应保持良好的接触。当被测量的导线被卡入钳形电流表的钳口后，若发现有明显噪声或指针振动厉害时，可将钳口重新开合一次；若噪声依然存在，应检查钳口处是否有污物，若有污物，可用汽油擦净。

7）在变、配电所或动力配电箱内测量电流时，为了防止钳形电流表钳口张开而引起相间短路，最好在导线之间用绝缘隔板隔开。

8）测量 5A 以下的小电流时，为得到准确的读数，在条件允许时，可将被测导线多绕几圈放进钳口内测量，实际电流值应为仪表读数除以钳口内的导线根数。

9）为了消除钳形电流表铁心中剩磁对测量结果的影响，在测量较大的电流之后，若立即测量较小的电流，应将钳口开、合数次，以消除铁心中的剩磁。

10）禁止用钳形电流表测量高压电路中的电流及裸线电流，以免发生事故。

11）钳形电流表不用时，应将其量程转换开关置于最高档，以免下次误用而损坏仪表。钳形电流表应存放在干燥的室内，钳口铁心相接处应保持清洁。

12）在使用带有电压测量功能的钳形电流表时，电流、电压的测量应分别进行。

13）在使用钳形电流表时，为了保证安全，一定要带上绝缘手套，并要与带电设备保持足够的安全距离。

14）在雷雨天气，禁止在户外使用钳形电流表进行测试工作。

15）测量运行中的绕线转子异步电动机的转子电流时，应选用电磁系钳形电流表，不能选用整流系钳形电流表。

3.3.2 绝缘电阻表

1 绝缘电阻表的用途与特点

绝缘电阻表俗称摇表，又称兆欧表或绝缘电阻测量仪。它是专供用来检测电气设备、供电线路绝缘电阻的一种便携式仪表。绝缘电阻表标度尺上的单位是兆欧，单位符号为 MΩ。它本身带有高压电源。绝缘电阻表是测量绝缘电阻最常用的仪表。它适用于测量各种绝缘材料的电阻值及变压器、电机、电缆及电器设备等的绝缘电阻。

2 绝缘电阻表的选择

（1）电压等级的选择

选用绝缘电阻表电压时，应使其额定电压与被测电气设备或线路的工作电压相适应，不能用电压过高的绝缘电阻表测量低电压电气设备的绝缘电阻，以免损坏被测设备的绝缘层。

对于 500V 以下电动机，应选用额定电压为 500V 的绝缘电阻表；对于 500V 以上的低压电动机，应选用额定电压为 1000V 的绝缘电阻表。

（2）测量范围的选择

在选择绝缘电阻表测量范围时，应注意不能使绝缘电阻表的测量范围过多地超出所需测量的绝缘电阻值，以减少误差。另外，还应注意绝缘电阻表的起始刻度，对于刻度不是从零开始的绝缘电阻表（例如从 1MΩ 或 2MΩ 开始的绝缘电阻表），一般不宜用来测量低电压电气设备的绝缘电阻。因为这种电气设备的绝缘电阻值较小，有可能小于 1MΩ，在仪表上得不到读数，容易误认为绝缘电阻值为零，而得出错误的结论。

3　用绝缘电阻表测量电动机的绝缘电阻

用绝缘电阻表（又称兆欧表）测量电动机绝缘电阻的方法如图 3-13 所示。具体测量步骤如下：

图 3-13　用绝缘电阻表测量电动机的绝缘电阻

a) 校验绝缘电阻表　　　　　　　　　　b) 拆去电动机接线盒中的连接片

c) 测量电动机三相绕组间的绝缘电阻　　　d) 测量电动机绕组对地(机壳)的绝缘电阻

扫一扫看视频

1）校验绝缘电阻表。把绝缘电阻表放平，将绝缘电阻表测试端短路，并慢慢摇动绝缘电阻表的手柄，指针应指在"0"位置上；然后将测试端开路，再摇动手柄（约 120r/min），指针应指在"∞"位置上。测量时，应将绝缘电阻表平置放稳，摇动手柄的速度应均匀。

2）将电动机接线盒内的连接片拆去。

3）测量电动机三相绕组之间的绝缘电阻。将两个测试夹分别接到任意两相绕组的端点，以 120r/min 左右的匀速摇动绝缘电阻表 1min 后，读取绝缘电阻表指针稳定时的指示值。

4）用同样的方法，依次测量每相绕组与机壳的绝缘电阻。但应注意，绝缘电阻表上标有"E"或"接地"的接线柱应接到机壳上无绝缘层的地方。

5）测量单相异步电动机的绝缘电阻时，应将电容器拆下（或短接），以防将电容器击穿。

49

4　注意事项

绝缘电阻表在工作时，自身会产生高电压，而测量对象又是电气设备，所以必须正确使用，否则就会造成人身或设备事故。使用前，要做好以下准备工作：

1）测量前，必须将被测设备电源切断，并对地短路放电，绝不允许设备带电进行测量，以保证人身和设备的安全。

2）被测物表面要清洁，减小接触电阻，确保测量结果的准确性。

3）绝缘电阻表接线柱引出的测量软线的绝缘应良好。绝缘电阻表与被测设备间的连接线应用单根绝缘导线分开连接。两根连接线不可缠绞在一起，也不可与被测设备或地面接触，以避免导线绝缘不良而引起误差。

4）禁止在有雷电时或邻近有高压设备时使用绝缘电阻表，以免发生危险。

5）测量之后，用导体对被测元件（例如绕组）与机壳之间放电后再拆下引接线。直接拆线有可能被储存的电荷电击。

6）在测量过程中，不可触摸被测的物品，小心高压电击。

扫一扫看视频

第 4 章 电动机及其控制电路常见故障的检修

4.1 异步电动机的常见故障的检修

4.1.1 定子绕组常见故障的检修

1 定子绕组绝缘电阻下降的检修

电动机长期在恶劣的环境中使用或停放，会受到潮湿空气、水滴、灰尘、油污、腐蚀性气体等的侵袭，将导致绝缘电阻下降。在使用前，若不及时检查修理，贸然通电运行，有可能引起电动机绕组击穿烧毁。

引起绕组绝缘电阻下降的直接原因，除一部分是绝缘层老化外，主要是受潮。若绕组受潮（绝缘电阻在 0.5MΩ 以下），可将电动机两边端盖拆除，把电动机放在烘干室（箱）内烘干，或采用其他方法烘干，直到绝缘电阻达到要求时即可。也可再加浇一层绝缘漆，以防返潮。

2 定子绕组接地故障的检修

定子绕组接地（俗称漏电）是指定子绕组与机壳直接接通，使机壳带电。造成绕组接地的原因可能是电动机运行中发热、振动、受潮等使绕组绝缘性能变坏，当通电时绕组绝缘层被击穿；也可能是由于定、转子铁心相擦（扫膛）产生高温使绕组绝缘炭化造成短路；或可能是绕组重绕后，嵌线时，槽内绝缘被铁心毛刺刺破，或在嵌线、整形时槽口绝缘被压裂，使绕组碰触铁心；还可能是因绕组端部过长，与端盖相碰等。

检查绕组接地故障可采用绝缘电阻表（兆欧表）按第 3 章图 3-13 所示的方法逐相进行排查，也可按图 4-1 所示串联灯泡的方法逐相进行排查。检查时，若发现绝缘电阻表的电阻为零，或灯泡发亮，则该相有接地故障。有的电动机接地短路严重，接地点有大电流烧焦的痕迹，那就可以一目了然。否则，应采取分组淘汰法找出接地故障点，即先将有接地故障的那一相绕组从中间拆开，确定接地点在该相哪一半绕组中。查出后，把有接地故障的半个相绕组从中间拆开，直至某个线圈组或线圈，最后找出接地故障点。

对接地故障的修理，应视不同情况而定。若绕组绝缘层老化变质，必须重换；若是绕组端部或引线接地，可重新包扎好局部绝缘层；若接地点在槽口附近，可将绕组加热软化，用划线板撬开槽绝缘，插入大小适当的绝缘材料；如果线圈在槽内部接地，则需要更换该线圈或整个绕组。

3 定子绕组短路故障的检修

造成绕组短路的原因通常是电动机长期处于过电压、欠电压、过载或两相运行（断相运行）状态；机械性损伤、绝缘层老化、使用或维修中碰伤绝缘层等。绕组短路将使各相绕组串联匝数不等，三相电流不平衡，磁场分布不均匀，从而使电动机运行时振动加剧、噪声增大、温升偏高，甚至烧毁定子绕组。

图 4-1　用串联灯泡法检查定子绕组的接地故障

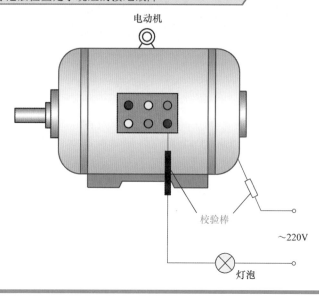

电动机

校验棒

~220V

灯泡

绕组短路有三种形式：匝间短路（同一只线圈内电磁线之间短路）、极相组（线圈组）短路（一个线圈组的引出线之间或线圈之间短路）、相间短路（异相绕组之间发生短路）。

绕组短路故障的检查方法，通常有以下几种。

（1）外观检查法

仔细观察定子绕组有无烧灼的痕迹，如有烧焦的地方，则该处存在短路故障。如果故障点不明显，可给电动机通电，运行几分钟后，迅速拆开端盖，用手探测，发生短路的地方，温度会比其他地方高。

（2）电流平衡法

使电动机空载运转，用钳形电流表或其他电流表分别测量三相绕组中的电流。当三相电压和三相绕组都对称时，三相空载电流应该是平衡的。若测得某相绕组电流偏大，再将三相电源相序交换后重测，如该相绕组电流仍偏大，则证明该相绕组有短路故障。

（3）短路侦察器法

短路侦察器是利用变压器原理来检查绕组匝间短路的。其铁心用 H 形硅钢片叠压而成，凹槽中绕有线圈，可接 220V 交流电源使用。

用短路侦察器检查定子绕组采用多路并联的电动机时，应先把各并联支路拆开；定子绕组若是三角形（△）联结时，也应拆开，使绕组内不存在环流通路，否则会因存在环流而无法分清哪一个是短路线圈。

用短路侦察器检查定子绕组匝间短路的方法如图 4-2 所示。将已接通交流电源并串有电流表的短路侦察器的开口部分放在被检查的定子铁心的槽口上，如图 4-2a 所示。这样短路侦察器与定子的一部分就构成一个变压器，其铁心和定子铁心构成变压器的磁路，其线圈相当于变压器的一次绕组，而被检查的定子铁心槽内的线圈相当于变压器的二次绕组。将短路侦察器沿定子铁心内圆逐槽移动，当它经过无故障的线圈时，相当于变压器二次侧开路，电流表的示值很小。当它经过短路线圈时，相当于变压器二次侧短路，此时电流表的读数将很大。故可检查出有短路故障的线圈。

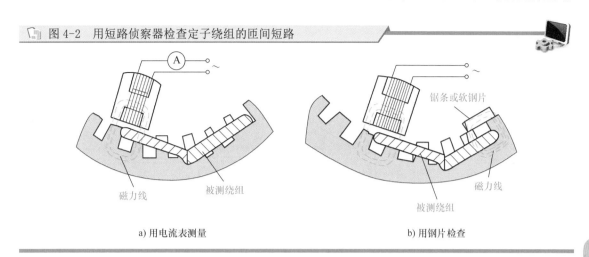

图 4-2　用短路侦察器检查定子绕组的匝间短路

a) 用电流表测量　　　　　　　　　　　　b) 用钢片检查

如果没有电流表，可用一段废锯条或软钢片放在被测线圈的另一个线圈边所在的槽口上面，若被测线圈有短路故障，线圈中就会有感应电流，线圈周围将产生交变磁场，则废锯条或软钢片会被定子铁心吸引，而且发出振动声，如图 4-2b 所示，否则废锯条或软钢片不振动。将短路侦察器沿定子铁心内圆逐槽移动，同时也相应地移动废锯条或软钢片，并保持一定的距离，这样便可检查定子绕组的全部线圈。

（4）电阻法

利用电桥或万用表的低电阻档，将电动机接线盒中三相绕组的接头连接片拆去，分别测量各相绕组的直流电阻。直流电阻小的一相绕组有匝间短路故障。若要具体判断是哪个线圈组或线圈有匝间短路，可在电桥引线或万用表表笔上连上一根针，分别刺入线圈组（或线圈）各接头处进行测量，凡是电阻明显小的线圈组（或线圈）多有存在短路故障。

用电阻法检查绕组的相间短路故障时，使用绝缘电阻表更为方便，检查方法如图 3-13c 所示。以 120r/min 的转速摇动手柄，指针稳定的位置，即示出被测两相绕组之间的绝缘电阻值。若该电阻值明显小于正常值或为零，则表明有相间绝缘不良或短路故障。

（5）电压降法

对有短路故障的相绕组通以低压交流电或直流电，将万用表置于相应交流电压档或直流电压档，把两只表笔各连上一根针，分别刺入每个线圈组（或线圈）的首尾连接线中，测量各线圈组（或线圈）两端的电压降。若测得某线圈组（或线圈）的电压降小，则表明该线圈组（或线圈）内有短路故障。

在查出短路故障后，如果可以看出明显的短路点，且该线圈损坏不严重，可先对其加热，使绝缘材料软化，用划线板撬起电磁线，垫入绝缘材料，并趁热浇上绝缘漆，烘干即可；如果短路较严重，就必须拆下重绕；若一个或几个线圈短路，但大多数线圈完好时，不必全部拆换绕组，一般可用穿线法拆换坏线圈。

穿线法的具体步骤如下：先把绕组加热，使绝缘材料软化，然后将其线圈端部剪断，取出坏线圈。拆出坏线圈的过程中，应注意不要弄伤相邻线圈的绝缘层。将坏线圈拆除后，应清理铁心槽，换上新绝缘层，或只在原槽绝缘层上加一层聚酯薄膜即可。然后把电磁线穿绕到原来的匝数。穿线时，一般将电磁线按坏线圈总长加适当裕量，从总长的中间开始穿线。穿线完毕，整理好端部，处理好端部绝缘，再进行必要的测试，在符合要求后即可浸漆烘干。

有时遇到电动机急需使用，一时来不及修理，可采用跳接法进行应急处理。其方法是把短路线圈的一端剪断，并用绝缘材料包扎好端头，再把该线圈的首、尾端接起来，如图 4-3 所示。这样可临时减轻负载运行，待条件允许，再进行彻底修理。

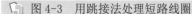

图 4-3　用跳接法处理短路线圈

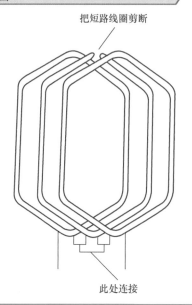

把短路线圈剪断

此处连接

4　定子绕组断路故障的检修

　　定子绕组断路的主要原因通常是绕组受机械力或碰撞发生断裂；接头焊接不良在运行中脱开；绕组发生短路，产生大电流烧断电磁线等。绕组断路后，电动机将无法正常起动。若电动机在运行中发生断路故障，将造成三相电流不平衡、绕组发热、噪声增大、转矩下降、转速降低等，时间稍长，将导致电动机烧毁。

　　定子绕组的断路故障一般发生在绕组的端部、各线圈的接头处或电动机的引出线等部位。检查绕组断路故障一般可采用串联灯泡的方法来进行（见图 4-4）。对于星形联结的电动机，检查时先按图 4-4a 所示的方法找出断线相，然后再按图 4-4b 所示的方法找出断线点。对于三角形联结的电动机，检查前必须先把三相绕组的接头拆开，然后按图 4-4c 所示的方法找出断线相，最后再按图 4-4d 所示的方法找出断线点。

　　对于中等容量以上的电动机，绕组多采用多根电磁线并联或多个支路并联，若其中仅断掉若干根电磁线或断开一条并联支路时，检查起来就比较复杂，通常采用以下两种方法。

　　（1）三相电流平衡法

　　对于星形联结的电动机，在电动机的 3 根电源线上分别串入 3 个电流表（也可用钳形电流表分别测量三相电流），使其空载运行，若三相电流不平衡（三相电流值相差 10% 以上），又无短路现象，则电流小或电流为零的那一相有断路故障，如图 4-5a 所示。

　　对于三角形联结的电动机，首先应把任意一角的接头拆开，将低压交流电（一般可用单相交流弧焊机作电源）分别接入每相绕组（注意串入电流表），测量各相绕组的电流，则电流小的那一相绕组有断路故障，如图 4-5b 所示。

　　（2）电阻法

　　若绕组为星形联结时，可用电桥分别测量三相绕组的直流电阻，如果三相电阻不平衡度超过 ±5%，则电阻较大或电阻为无穷大的那一相绕组有断路故障。若绕组为三角形联结时，首先要把任意一个角的接头拆开，再用电桥分别测量三相绕组的直流电阻，则电阻较大的那一相绕组有断路故障。

图 4-4 检查定子绕组的断路故障

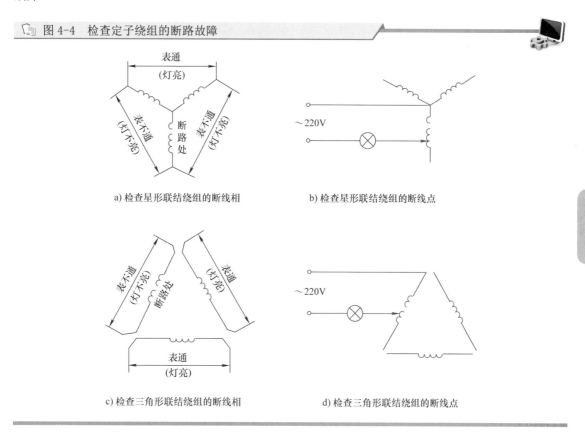

a) 检查星形联结绕组的断线相

b) 检查星形联结绕组的断线点

c) 检查三角形联结绕组的断线相

d) 检查三角形联结绕组的断线点

图 4-5 用电流平衡法检查多支路绕组断路

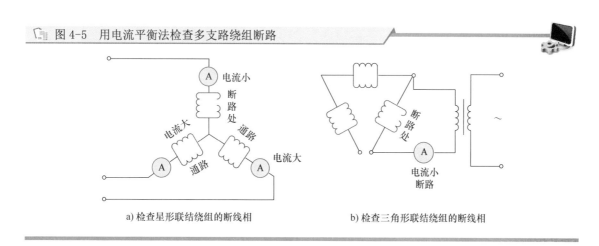

a) 检查星形联结绕组的断线相

b) 检查三角形联结绕组的断线相

绕组断路故障的修理方法如下：若断路点在铁心槽外，又是单根电磁线断开，可以重新焊接好，并处理好绝缘层即可；若是两根以上的电磁线断开，则应仔细查找线头线尾，否则容易造成人为短路；若断路点在铁心槽内，应采用穿线法更换故障线圈；若绕组断路严重，必须更换整个绕组。如果电动机急需使用，也可像绕组短路故障的应急修理一样，采用跳接法将故障线圈首尾短接，这样可使电动机临时减轻负载运行，待条件允许，再进行彻底修理。

4.1.2 三相绕组首尾端的判别

三相绕组的首尾接错后，会使绕组中电流方向反向，造成磁动势不平衡，引起电动机振动和噪声、转速缓慢甚至不转、三相电流严重不平衡。如不及时切断电源，还将造成绕组温度急剧上升而烧毁电动机。

三相绕组首尾端的判别方法有以下几种。

（1）绕组串联法（又称灯泡法）

先用万用表将绕组的 6 根引线分成 3 个独立绕组，然后按图 4-6 所示的接法通以低压交流电源（注意所加电压应使绕组中的电流不超过额定值），如果灯泡发亮，说明串联的 U、V 两相绕组是正向串联，即一相绕组的首端接另一相绕组的尾端，如图 4-6a 所示。如果灯泡不亮，则是反向串联，如图 4-6b 所示，这时可将一相绕组的首尾端对调再试。判断出前两根的首尾端后，将其中一相再与第三相串联，用同样方法就可以判断出三相绕组各自的首尾端。

图 4-6　用单相交流电源判断三相绕组的首尾端

扫一扫看视频

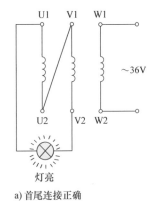
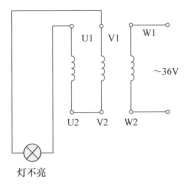

a) 首尾连接正确　　　　　　　　　b) 首尾连接错误

（2）万用表法

将三相绕组按图 4-7 所示接成星形，从一相绕组通入 36V 交流电源，在另外两相绕组之间接入置于 10V 交流电压档的万用表，按图 4-7a 和 b 各测一次，若两次万用表指针均不动，则说明图中接线正确。若两次万用表指针都偏转，则两次均未接电源的那一相的首尾接反。若只有一次指针偏转，另一次指针不动，则指针不动的那一次接电源的那一相首尾接反。

图 4-7　用万用表判断三相绕组的首尾端

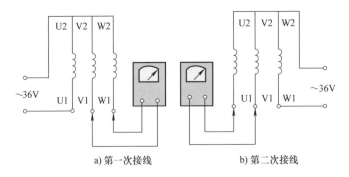

a) 第一次接线　　　　　　　　　b) 第二次接线

（3）切割剩磁法

切割剩磁法的接线图如图 4-8 所示，用万用表（毫安档）进行测量。此时用手转动电动机的转子，如果万用表的指针不动，则说明三相绕组首尾连接是正确的，即三相绕组的首端与首端连接、尾端与尾端连接。如果万用表的指针摆动，则说明三相绕组连接有误，应改接后重试。这种方法是利用转子铁心中的剩磁在定子三相绕组中感应出电动势，用万用表指示出其回路中的电流值来检查的。

图 4-8 用切割剩磁法判断三相绕组的首尾端

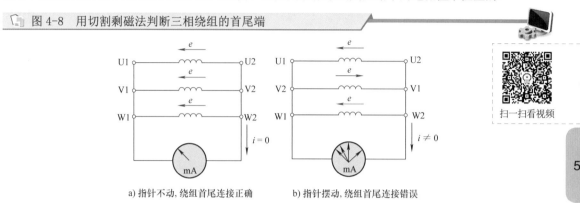

a) 指针不动, 绕组首尾连接正确　　b) 指针摆动, 绕组首尾连接错误

4.1.3 定子绕组中个别线圈接反或嵌反的检查

定子绕组中若有个别线圈或极相组（线圈组）接反或嵌反时，将会使三相电流不平衡，导致电动机不能正常运行。此时可用指南针检查法进行检查。

指南针检查法接线如图 4-9 所示。将 3~6V 直流电源接入待测的那一相绕组（如 U 相绕组）的两端，将指南针沿着定子内圆周移动，指南针经过该相的每个极相组时，若指南针的指向交替变化，则表示该相绕组中的各极相组之间及各线圈之间接线正确；若指南针经过该相的某两个相邻的极相组时，指南针的指向不变，则说明有一个极相组接反，若在某一个极相组内，指南针的指向不定，则说明该极相组内有个别线圈接反或嵌反，这时应将该相绕组中接错部分的连线或过桥线加以纠正；如果指南针的指向都不清楚，应升高电源电压重新检查。

图 4-9 指南针检查法

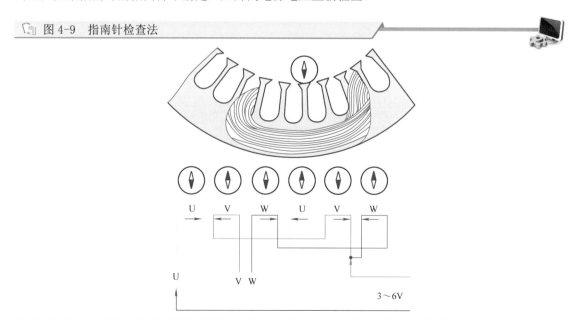

按上述方法同样可测试其余两相绕组。若三相绕组为星形联结，则不必拆开中性点，只需将低压直流电源接入中性点和待测的那一相绕组的另一端即可（见图4-9）；若三相绕组为三角形联结，则应将其任意一个角的接线拆开后，再进行测试。

4.1.4 转子绕组常见故障的检修

笼型转子的常见故障是断条，断条会使电动机出现如下异常现象：未起动的电动机起动困难，带不动负载；运行中的电动机转速降低，定子电流时大时小，电流表指针呈周期性摆动、电动机过热、机身振动，还可能产生周期性的"嗡嗡"声。造成转子断条的原因通常是铸铝质量不良、制造工艺粗糙或结构设计不佳，也可能是使用时经常正反起动或过载等所致。

转子断条故障一般发生在导条与端环的连接处，但也可能发生在转子槽内。如发现转子有断条现象时，可把转子从电动机中抽出，仔细观察。导条断裂处的铁心往往过热变色，据此可找到断条部位。如果不能找到断条部位，可以采用以下两种方法检查断条位置。

1 铁粉检查法

利用磁场能吸引铁屑的物理现象，在转子绕组两端加一个低压交流电源，如图4-10所示。从0V逐渐升高电压，转子磁场也逐渐增强，这时在转子上均匀地撒上铁粉，根据铁粉的分布情况，即可判断笼型转子是否有断条。若转子绕组没有断条故障，则铁粉就会整齐地沿转子铁心的槽口排列；若转子绕组有断条故障，则断裂的导条电流不通，导条周围没有磁场，因此该导条所在槽的槽口没有铁粉，但实际上因导条与铁心之间是连接的，虽然电阻较大，但仍会通过铁心形成通路，将会有较小的电流，并会吸附少量的铁粉；若某一条槽口处的铁粉较少，则此槽内的导条可能存在断条点。

图 4-10 用铁粉检查笼型转子断条

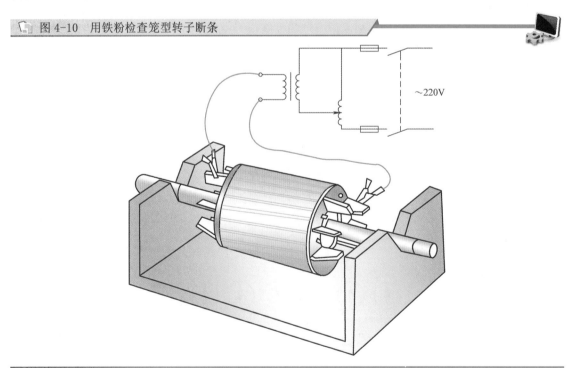

~220V

2 断条侦察器法

将已接通单相交流电源的断条侦察器跨在转子铁心槽口，并沿转子铁心外圆逐槽移动，便可根据电磁感应原理找出故障点。检查时，将断条侦察器的凹面跨在转子铁心槽上，在该铁心槽的另一端放上一根条形薄铁片或锯条，如图 4-11a 所示。如果该槽内的导条是完好的，断条侦察器会在该导条中感应出电流，并使铁片发生振动。这样逐槽进行检查，当侦察器和薄铁片移到某一个铁心槽时，铁片停止振动，则说明该铁心槽内的导条电流不通，即该导条已断裂。

查出已断裂的导条后，还必须找出断裂点，如果断裂发生在导条端部，一般可以直接看出。如果断裂发生在转子槽内，可用图 4-11b 所示的方法查找。即在导条一端的端环上（如左端）焊上一根软导线，将断条侦察器跨在该导条所在槽的槽口两侧，在导条的另一端（如右端）放上薄铁片，然后将软导线的自由端从左端开始沿断裂导条向右移动，最初铁片不振动，说明断裂点在侦察器和软导线的自由端与转子导条的接点之间，一旦软导线越过断裂点，铁片即开始振动。铁片刚开始振动时，软导线自由端左侧的位置即为该导条的断裂点。

图 4-11　用断条侦察器检查笼型转子断条

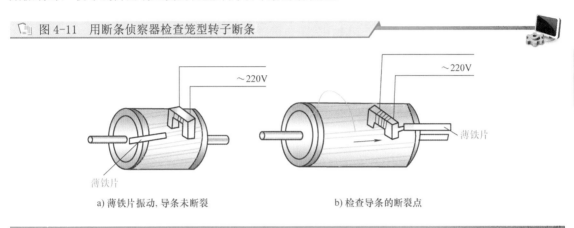

~220V　　　　　　　　　　　~220V

薄铁片

薄铁片

a) 薄铁片振动, 导条未断裂　　　　　　　　b) 检查导条的断裂点

转子断条后，对于铸铝转子，可以重新铸铝。如果没有铸铝条件，可以先在断裂处钻孔，然后用丝锥攻上螺纹，拧上与导条材料相同的螺钉，把断裂处接上，待以后重新铸铝或更换转子。对于由铜条构成的笼型转子，可以采用焊接的方法，对断裂处进行修复。

4.1.5　单相异步电动机常见故障的检修

1　绕组常见故障的检修

单相异步电动机定子绕组和转子绕组大多数故障的检查和修理与笼型三相异步电动机类似。

2　离心开关的检修

（1）离心开关短路的检修

离心开关发生短路故障后，当单相异步电动机运行时，离心开关的触点不能切断副绕组与电源的连接，将会使副绕组发热烧毁。

造成离心开关短路的原因，可能是由于机械构件磨损、变形；动、静触头烧熔粘结；簧片式开关的簧片过热失效、弹簧过硬；甩臂式开关的铜环极间绝缘层击穿以及电动机转速达不到额定转速的 80% 等。

对于离心开关短路故障的检查，可采用在副绕组线路中串入电流表的方法。电动机运行时如副绕组中仍有电流通过，则说明离心开关的触头失灵而未断开，这时应查明原因，进行修理。

（2）离心开关断路的检修

离心开关发生断路故障后，当单相异步电动机起动时，离心开关的触头不能闭合，所以不能将电源接入副绕组。电动机将无法起动。

59

造成离心开关断路的原因，可能是触头簧片过热失效、触头烧坏脱落，弹簧失效以致无足够张力使触头闭合，机械机构卡死，动、静触头接触不良，接线螺钉松动或脱落，以及触头绝缘板断裂等。

对于离心开关断路故障的检查，可采用电阻法，即用万用表的电阻档测量副绕组引出线两端的电阻。正常时副绕组的电阻一般为几百欧，如果测量的电阻值很大，则说明起动电路有断路故障。若进一步检查，可以拆开端盖，直接测量副绕组的电阻，如果电阻值正常，则说明离心开关发生断路故障。此时，应查明原因，找出故障点予以修复。

3　电容器的检修

（1）电容器的常见故障及其可能原因

1）过电压击穿。电动机如果长期在超过额定电压的情况下工作，将会使电容器的绝缘介质击穿而造成短路或断路。

2）电容器断路。电容器经长期使用或保管不当，致使引线、引线端头等受潮腐蚀、霉烂，引起接触不良或断路。

（2）电容器常见故障的检查方法

通常用万用表电阻档可检查电容器是否击穿或断路（开路）。将万用表拨至 ×10kΩ 或 ×1kΩ 档，先用导线或其他金属短接电容器两接线端进行放电，再用万用表两只表笔接电容器两出线端。根据万用表指针摆动情况可进行判断：

1）指针先大幅度摆向电阻零位，然后慢慢返回数百千欧位置，则说明电容器完好。

2）若指针不动，则说明电容器已断路（开路）。

3）若指针摆到电阻零位不返回，则说明电容器内部已击穿短路。

4）若指针从零位返回到某较小阻值处，不再返回，则说明电容器泄漏电流较大。

4.1.6　异步电动机的常见故障及排除方法

1　三相异步电动机的常见故障及排除方法

异步电动机的故障是多种多样的，同一故障可能有不同的表面现象，而同样的表面现象也可能由不同的原因引起，因此，应认真分析、准确判断、及时排除。

三相异步电动机的常见故障及排除方法见表 4-1。

表 4-1　三相异步电动机的常见故障及排除方法

常见故障	可能原因	排除方法
电动机空载不能起动	1. 熔丝熔断 2. 三相电源线或定子绕组中有一相断线 3. 刀开关或起动设备接触不良 4. 定子三相绕组的首尾端错接 5. 定子绕组短路 6. 转轴弯曲 7. 轴承严重损坏 8. 电动机端盖或轴承盖组装不当	1. 查出原因并排除故障后更换同规格熔丝 2. 查出断线处，将其接好、焊牢 3. 查出接触不良处，予以修复 4. 先将三相绕组的首尾端正确辨出，然后重新连接 5. 查出短路处，增加短路处的绝缘或重绕定子绕组 6. 校正转轴 7. 更换同型号轴承 8. 重新组装，使转轴转动灵活

（续）

常见故障	可能原因	排除方法
电动机不能满载运行或起动	1. 电源电压过低 2. 电动机带动的负载过重 3. 将三角形联结的电动机误接成星形联结 4. 笼型转子导条或端环断裂 5. 定子绕组短路或接地 6. 熔丝松动 7. 刀开关或起动设备的触点损坏，造成接触不良	1. 查明原因，待电源电压恢复正常后再使用 2. 减少所带动的负载，或更换大功率电动机 3. 按照铭牌规定正确接线 4. 查出断裂处。予以焊接修补或更换转子 5. 查出绕组短路或接地处，予以修复或重绕 6. 拧紧熔丝 7. 修复损坏的触头或更换为新的开关设备
电动机三相电流不平衡	1. 三相电源电压不平衡 2. 重绕线圈时，使用的漆包线的截面积不同或线圈的匝数有错误 3. 重绕定子绕组后，部分线圈接线错误 4. 定子绕组有短路或接地 5. 电动机"断相"运行	1. 查明电压不平衡的原因，予以排除 2. 使用同规格的漆包线绕制线圈，更换匝数有错误的线圈 3. 查出接错处，并改接过来 4. 查出绕组短路或接地处，予以修复或重绕 5. 查出线路或绕组断线或接触不良处，并重新连接好
电动机的温度过高	1. 电源电压过高 2. 欠电压满载运行 3. 电动机过载 4. 电动机环境温度过高 5. 电动机通风不畅 6. 定子绕组短路或接地 7. 重绕定子绕组时，线圈匝数少于原线圈匝数，或导线截面积小于原导线截面积 8. 定子绕组接线错误 9. 电动机受潮或浸漆后未烘干 10. 多支路并联的定子绕组，其中有一路或几路绕组断路 11. 在电动机运行中有一相熔丝熔断 12. 定、转子铁心相互摩擦（又称扫膛）	1. 调整电源电压或待电压恢复正常后再使用电动机 2. 提高电源电压或减少电动机所带动的负载 3. 减少电动机所带动的负载或更换大功率的电动机 4. 更换特殊环境使用的电动机或降低环境温度，或降低电动机的容量使用 5. 清理通风道里淤塞的泥土；修理被损坏的风叶、风罩；搬开影响通风的物品 6. 查出短路或接地处，增加绝缘层或重绕定子绕组 7. 按原数据重新改绕线圈 8. 按接线图重新接线 9. 重新对电动机进行烘干后再使用 10. 查出断路处，接好并焊牢 11. 更换同规格熔丝 12. 查明原因，予以排除，或更换为新轴承
轴承过热	1. 装配不当使轴承受外力 2. 轴承内无润滑油 3. 轴承的润滑油内有铁屑、灰尘或其他脏物 4. 电动机转轴弯曲，使轴承受到外界应力 5. 传动带过紧	1. 重新装配电动机的端盖和轴承盖，拧紧螺钉，合严止口 2. 适量加入润滑油 3. 用汽油清洗轴承，然后注入新润滑油 4. 校正电动机的转轴 5. 适当放松传动带
电动机起动时熔丝熔断	1. 定子三相绕组中有一相绕组接反 2. 定子绕组短路或接地 3. 工作机械被卡住 4. 起动设备操作不当 5. 传动带过紧 6. 轴承严重损坏 7. 熔丝过细	1. 分清三相绕组的首尾端，重新接好 2. 查出绕组短路或接地处，增加绝缘，或重绕定子绕组 3. 检查工作机械和传动装置是否转动灵活 4. 纠正操作方法 5. 适当调整传动带 6. 更换为新轴承 7. 合理选用熔丝

（续）

常见故障	可能原因	排除方法
运行中产生剧烈振动	1. 电动机基础不平或固定不紧 2. 电动机和被带动的工作机械轴心不在一条线上 3. 转轴弯曲造成电动机转子偏心 4. 转子或带轮不平衡 5. 转子上零件松弛 6. 轴承严重磨损	1. 校正基础板，拧紧底脚螺栓，紧固电动机 2. 重新安装，并校正 3. 校正电动机转轴 4. 校正平衡或更换为新品 5. 紧固转子上的零件 6. 更换为新轴承
运行中产生异常噪声	1. 电动机"单相"运行 2. 笼型转子断条 3. 定、转子铁心硅钢片过于松弛或松动 4. 转子摩擦绝缘纸 5. 风叶碰壳	1. 查出断相处，予以修复 2. 查出断路处，予以修复，或更换转子 3. 压紧和固定硅钢片 4. 修剪绝缘纸 5. 校正风叶
起动时保护装置动作	1. 被驱动的工作机械有故障 2. 定子绕组或线路短路 3. 保护动作电流过小 4. 熔丝选择过小 5. 过载保护时限不够	1. 查出故障，予以排除 2. 查出短路处，予以修复 3. 适当调大 4. 按电动机规格选配适当的熔丝 5. 适当延长
绝缘电阻降低	1. 潮气侵入或雨水进入电动机 2. 绕组上灰尘、油污太多 3. 引出线绝缘层损坏 4. 电动机过热后，绝缘层老化	1. 进行烘干处理 2. 清除灰尘、油污后，进行浸渍处理 3. 重新包扎引出线 4. 根据绝缘层老化程度，分别予以修复或重新浸渍处理
机壳带电	1. 引出线与接线板接头处的绝缘损坏 2. 定子铁心两端的槽口绝缘损坏 3. 定子槽内有铁屑等杂物未除尽，导线嵌入后即造成接地 4. 外壳没有可靠接地	1. 应重新包扎绝缘或套一绝缘管 2. 仔细找出绝缘层损坏处，然后垫上绝缘纸，再涂上绝缘漆并烘干 3. 拆开每个线圈的接头，用淘汰法找出接地的线圈，进行局部修理 4. 将外壳可靠接地

2 分相式单相异步电动机的常见故障及排除方法

分相式单相异步电动机的常见故障及排除方法见表 4-2。

表 4-2 分相式单相异步电动机的常见故障及排除方法

常见故障	可能原因	排除方法
电源电压正常，通电后电动机不能起动	1. 电动机引出线或绕组断路 2. 离心开关的触点闭合不上 3. 电容器短路、断路或电容量减小 4. 轴承严重损坏 5. 电动机严重过载 6. 转轴弯曲	1. 认真检查引出线、主绕组和副绕组，将断路处重新焊接好 2. 修理触点或更换离心开关 3. 更换与原规格相符的电容器 4. 更换新轴承 5. 检查负载，找出过载原因，采取适当措施消除过载状况 6. 将弯曲部分校直或更换转子
电动机在外力帮助下起动，但起动迟缓且转向不定	1. 副绕组断路 2. 离心开关的触点闭合不上 3. 电容器断路 4. 主绕组断路	1. 查出断路处，并重新焊接好 2. 检修调整触点或更换离心开关 3. 更换同规格电容器 4. 查出断路处，并重新焊接好

（续）

常见故障	可能原因	排除方法
电动机转速低于正常转速	1. 主绕组短路 2. 起动后离心开关触点断不开，副绕组没有脱离电源 3. 主绕组接线错误 4. 电动机过载 5. 轴承损坏	1. 查出短路处，予以修复或重绕 2. 检修调整触点或更换离心开关 3. 查出接错处并更正 4. 查出过载原因并消除 5. 更换新轴承
起动后电动机很快发热，甚至烧毁	1. 主绕组短路或接地 2. 主绕组与副绕组之间短路 3. 起动后，离心开关的触点断不开，使副绕组长期运行而发热，甚至烧毁 4. 主、副绕组相互接错 5. 电源电压过高或过低 6. 电动机严重过载 7. 电动机环境温度过高 8. 电动机通风不畅 9. 电动机受潮或浸漆后未烘干 10. 定、转子铁心相摩擦或轴承损坏	1. 重绕定子绕组 2. 查出短路处予以修复或重绕定子绕组 3. 检修调整离心开关的触点或更换离心开关 4. 检查主、副绕组的接线，将接错处予以纠正 5. 查明原因，待电源电压恢复正常后再使用 6. 查出过载原因并消除 7. 应降低环境温度或降低电动机的容量使用 8. 清理通风道，恢复被损坏的风叶、风罩 9. 重新进行烘干 10. 查出相摩擦的原因，予以排除或更换轴承

3 罩极单相异步电动机的常见故障及排除方法

罩极单相异步电动机的常见故障及排除方法见表4-3。

表4-3 罩极单相异步电动机的常见故障及排除方法

常见故障	可能原因	排除方法
通电后电动机不能起动	1. 电源线或定子主绕组断路 2. 短路环断开或接触不良 3. 罩极绕组断路或接触不良 4. 主绕组短路或被烧毁 5. 轴承严重损坏 6. 定子、转子之间的气隙不均匀 7. 装配不当，使轴承受外力 8. 传动带过紧	1. 查出断路处，并重新焊接好 2. 查出故障点，并重新焊接好 3. 查出故障点，并重新焊接好 4. 重绕主绕组 5. 更换新轴承 6. 查明原因，予以修复。若转轴弯曲应校直 7. 重新装配，上紧螺钉，合严止口 8. 适当放松传送带
空载时转速太低	1. 小型电动机的含油轴承缺油 2. 罩极绕组中接触不良	1. 填充适量润滑油 2. 查出接触不良处，并重新焊接好
带负载时转速不正常或难于起动	1. 定子绕组匝间短路或接地 2. 罩极绕组绝缘层损坏 3. 罩极绕组的位置、线径或匝数有误	1. 查出故障点，予以修复或重绕定子绕组 2. 更换罩极绕组 3. 按原始数据重绕罩极绕组
运行中产生剧烈振动和异常噪声	1. 电动机基础不平或固定不紧 2. 转轴弯曲造成电动机转子偏心 3. 转子或带轮不平衡 4. 转子断条 5. 轴承严重缺油或损坏	1. 校正基础板，拧紧底脚螺钉，紧固电动机 2. 校正电动机转轴或更换转子 3. 校平衡或更换新品 4. 查出断路处，予以修复或更换转子 5. 清洗轴承，填充新润滑油或更换轴承
绝缘电阻降低	1. 潮气侵入或雨水进入电动机内 2. 引出线的绝缘层损坏 3. 电动机过热后，绝缘层老化	1. 进行烘干处理 2. 重新包扎引出线 3. 根据绝缘层老化程度，分别予以修复或重新浸渍处理

4.2 电动机控制电路常见故障的检修

4.2.1 电动机基本控制电路

1 三相异步电动机单向起动、停止控制电路

当某些生产机械需要连续运行时，需要采用自锁控制。如果在将接触器的常开（动合）辅助触点与起动按钮并联，即可实现自锁控制，电动机就可以连续运行。三相异步电动机自锁控制电路（又称为三相异步电动机单向起动、停止控制电路），如图 4-12 所示。通过对该电路的分析，可以理解自锁的概念，熟悉三相异步电动机单向起动、停止控制电路的工作原理。

由图 4-12 可知，起动电动机时，合上刀开关 QS，按下起动按钮 SB2，接触器 KM 线圈得电铁心吸合，其主触点 KM 闭合，接通电动机 M 的三相电源，电动机起动运转，与此同时，与按钮 SB2 并联的接触器的常开（动合）辅助触点 KM 也同时闭合，起自锁（自保持）作用，电源 L1 通过熔断器 FU2 →热继电器 FR 的常闭（动断）触点→停止按钮 SB1 的闭合触点→接触器 KM 的常开辅助触点（已经闭合）→接触器 KM 的线圈→熔断器 FU2 →电源 L2 构成闭合回路，所以松开按钮 SB2，接触器 KM 的线圈也可以继续保持通电，维持其铁心吸合状态，电动机继续运转。KM 这个辅助触点通常称为自锁触点，也称自保触点。

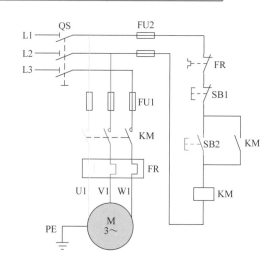

图 4-12 三相异步电动机单向起动、停止控制电路

扫一扫看视频

扫一扫看视频

扫一扫看视频

欲使电动机停转时，按下停止按钮 SB1，接触器 KM 的线圈失电而释放，主、辅触点均复位，即其主触点断开，切断了电动机的电源，电动机停止运行。

图 4-12 中，FR 为热继电器，当电动机过载或因故障使电动机电流增大时，热继电器 FR 内的双金属片会温度升高，产生弯曲，使热继电器 FR 的常闭触点断开，接触器 KM 失电释放，电动机断电停止运行，从而实现过载保护。

2 点动与连续运行控制

某些生产机械常常要求既能够连续运行，又能够实现点动控制运行，以满足一些特殊工艺的要求。点动与连续运行的主要区别在于是否接入自锁触点，点动控制加入自锁后就可以连续运行。

（1）采用点动按钮联锁的电动机点动与连续运行控制电路

采用点动按钮联锁的三相异步电动机点动与连续运行的控制电路的原理图如图 4-13 所示。

图 4-13 采用点动按钮联锁的三相异步电动机点动与连续运行控制电路

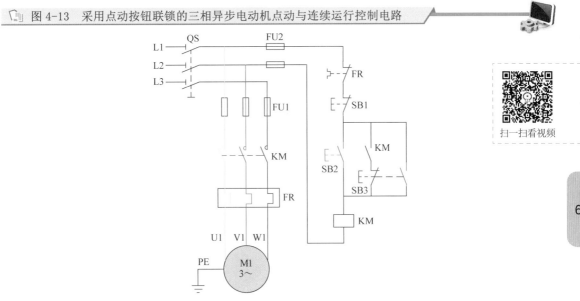

扫一扫看视频

图 4-13 所示的电路是将点动按钮 SB3 的常闭触点作为联锁触点串联在接触器 KM 的自锁触点电路中。当正常工作时，按下起动按钮 SB2，接触器 KM 得电并自保。当点动工作时，按下点动按钮 SB3，其常开触点闭合，接触器 KM 通电。但是，由于按钮 SB3 的常闭触点已将接触器 KM 的自锁电路切断，手一离开按钮，接触器 KM 就失电，从而实现了点动控制。

值得注意的是，在图 4-13 所示电路中，若接触器 KM 的释放时间大于按钮 SB3 的恢复时间，则点动结束，按钮 SB3 的动断触点复位时，接触器 KM 的动合触点尚未断开，将会使接触器 KM 的自锁电路继续通电，电路就将无法正常实现点动控制。

（2）采用中间继电器联锁的电动机点动与连续运行控制电路

采用中间继电器 KA 联锁的点动与继续运行的控制电路的原理图如图 4-14 所示。当正常工作时，按下按钮 SB2，中间继电器 KA 得电，其常开触点闭合，使接触器 KM 得电并自锁。当需要点动工作时，如电动机处于未运行状态直接按下点动按钮 SB3，接触器 KM 得电，由于接触器 KM 不能自锁，从而能可靠地实现点动控制；如电动机处于运行状态，则应按下按钮 SB1，使电动机停止运行，再按下 SB3 实现点动运行。

3　三相异步电动机正反转控制电路

许多生产机械常常要求具有上下、左右、前后等相反方向的运动，这就要求电动机可以实现正反转控制（又称可逆控制）。对于三相异步电动机，可借助正反转接触器将接至电动机的三相电源进线中的任意两相对调，达到反转的目的。而正反转控制时需要一种联锁关系，否则当出现误操作同时使正反转接触器线圈得电时，将会造成三相电源相间短路事故。

（1）用接触器联锁的三相异步电动机正反转控制电路

图 4-15 是用接触器辅助触点作联锁（又称互锁）保护的正反转控制电路的原理图。图中采用两个接触器，当正转接触器 KM1 的三个主触点闭合时，三相电源的相序按 L1、L2、L3 接入电动机。而当反转接触器 KM2 的三个主触点闭合时，三相电源的相序按 L3、L2、L1 接入电动机，电动机即反转。

图 4-14　采用中间继电器联锁的三相异步电动机点动与连续运行控制电路

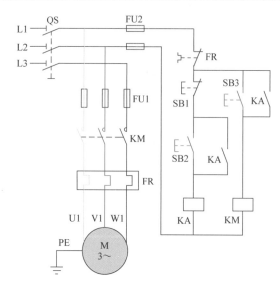

图 4-15　用接触器联锁的正反转控制电路

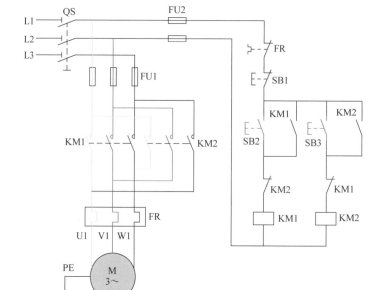

扫一扫看视频

　　控制电路中接触器 KM1 和 KM2 不能同时通电，否则它们的主触点就会同时闭合，将造成 L1 和 L3 两相电源短路。为此在接触器 KM1 和 KM2 各自的线圈回路中互相串联对方的一个常闭辅助触点 KM2 和 KM1，以保证接触器 KM1 和 KM2 的线圈不会同时通电。这两个常闭辅助触点在电路中起联锁或互锁作用。

　　这种控制电路的缺点是操作不方便，因为要改变电动机的转向时，必须先按停止按钮 SB1。

　　（2）用按钮和接触器复合联锁的三相异步电动机正反转控制电路

　　用按钮、接触器复合联锁的正反转控制电路的原理图如图 4-16 所示。该电路的动作原理与上述正反转控制电路基本相似。但是，由于采用了复合按钮，当按下反转起动按钮 SB3 时，首先使串接在正转控制电路中的反转按钮 SB3 的常闭触点断开，正转接触器 KM1 的线圈断电，接触器 KM1 释放，其三个主触点断开，电动机断电；接着反转按钮 SB3 的常开触点闭合，使反转接触器 KM2 的线圈得电，接触器 KM2 吸合，其三个主触点闭合，电动机反向运转。同理，由反转运行转换成正转运行时，也无须按下停止按钮 SB1，而直接按下正转起动按钮 SB2 即可。

图 4-16　用按钮、接触器复合联锁的正反转控制电路

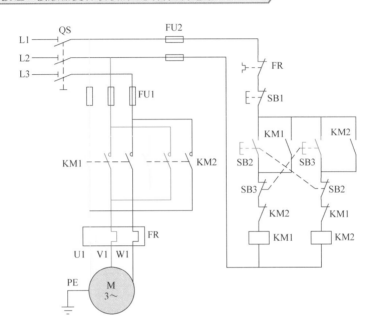

这种控制电路的优点是操作方便，而且安全可靠。读者可根据上述方法自行分析该电路的工作原理。

4　互锁控制电路

一台生产机械有较多的运动部件，这些部件根据实际需要有着互相配合、互相制约、先后顺序等各种要求。这些要求若用电气控制来实现，就称为电气联锁。常用的电气联锁控制有互相制约（互锁控制）、按先决条件制约（顺序控制）和选择制约（例如点动与连续运行控制）等。

互相制约联锁控制又称互锁控制。例如当拖动生产机械的两台电动机同时工作会造成事故时，要使用互锁控制；又如许多生产机械常常要求电动机能正反向工作，对于三相异步电动机，可借助正反向接触器改变定子绕组相序来实现，而正反向工作时也需要互锁控制，否则，当误操作同时使正反向接触器线圈得电时，将会造成短路故障。

互锁控制线路构成的原则：将两个不能同时工作的接触器 KM1 和 KM2 各自的常闭触点相互交换地串接在彼此的线圈回路中。

当拖动生产机械的两台电动机同时工作会造成事故时，应采用互锁控制电路，图 4-17 是两台电动机互锁控制电路的原理图。将接触器 KM1 的常闭辅助触点串接在接触器 KM2 的线圈回路中，而将接触器 KM2 的常闭辅助触点串接在接触器 KM1 的线圈回路中即可。

图 4-17　两台电动机互锁控制电路

扫一扫看视频

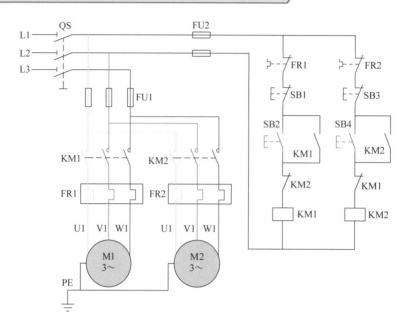

4.2.2　电动机控制电路故障的检查方法

机床电气控制电路是多种多样的，机床的电气故障往往又是与机械、液压、气动系统交错在一起，比较复杂，不正确的检修方法有时还会使故障扩大，甚至会造成设备及人身事故，因此必须掌握正确的检修方法。常见的故障分析方法包括感官诊断法、电压测量法、电阻测量法、短接法、强迫闭合法、对比法、置换元件法和逐步接入法等。实际检修时，要综合运用以上方法，并根据积累的经验，对故障现象进行分析，快速准确地找到故障部位，采取适当方法进行排除。

1　感官诊断法

感官诊断法（又称直接观察法）是根据机床电器故障的外在表现，通过眼看、鼻闻、耳听、手摸、询问等手段，来检查，判断故障的方法。

（1）诊断方法

1）望。查看熔断器的熔体是否熔断；检查接插件是否良好，连接导线有无断裂脱落，绝缘层是否老化；观察电器元件烧黑的痕迹。如果有以上情况，更换明显损坏的元器件。

2）闻。闻一闻故障电器是否有因电流过大而产生的异味。如果有，应立即切断电源检查。

3）问。向机床操作者和故障在场人员询问故障情况，包括故障发生的部位，故障现象（如响声、冒火、冒烟、异味、明火等，热源是否靠近电器，有无腐蚀性气体侵蚀，有无漏水等），是否有人修理过，修理的内容等。

4）切。电动机、变压器和电磁线圈正常工作时，其外壳温度应在允许范围内。而发生故障时，其外壳温度会明显上升。所以，可在断开电源后，用手触摸电动机等外壳的温度来判断故障。

5）听。因电动机、变压器等故障运行时的声音与正常时是有区别的，所以通过听它们发出的声音，可以帮助查找故障。

（2）检查步骤

1）初步检查。根据调查的情况，查看有关电器外部有无损坏，连线有无断路、松动，绝缘层有无烧焦，螺旋熔断器的熔断指示器是否跳出，电器有无进水、油垢，开关位置是否正确等。

2）试车。通过初步检查，确认不会使故障进一步扩大和不会发生人身、设备事故后，可进行试车检查。试车中要注意有无严重跳火、冒火、异常气味、异常声音等现象，一经发现应立即切断电源停车。注意检查电动机的温升及电器的动作程序是否符合标准和相关规程的要求，从而查找故障部位。

（3）故障分析与注意事项

1）用观察火花的方法检查故障。电器的触点在闭合分断电路或导线线头松动时可能会产生火花，因此可以根据火花的有无、大小等现象来检查电器故障。例如，正常紧固的导线与螺钉间不应有火花产生，当发现该处有火花时，说明线头松动或接触不良。电器的触点在闭合、分断电路时跳火，说明电路是通路，不跳火说明电路不通。当观察到控制电动机的接触器主触点两相有火花，一相无火花时，说明无火花的触点接触不良或这一相电路断路。三相中有两相的火花比正常大，另一相比正常小，可初步判断为电动机相间断路或接地。三相火花都比正常大，可能是电动机过载或机械部分卡住。在辅助电路中，若接触器线圈电路为通路，衔铁不吸合，要分清是电路断路还是接触器机械部分卡住造成的。可按一下起动按钮，如按钮常开触点在闭合位置，断开时有轻微的火花，说明电路为通路，故障在接触器本身机械部分卡住等；如触点间无火花说明电路是断路的。

2）从电器的动作程序来检查故障。机床电器的工作程序应符合电器说明书和图样的要求，如某一电路上的电器动作过早、过晚或不动作，说明该电路或电器有故障。还可以根据电器发出的声音、温度、压力、气味等分析判断故障。另外，运用直观法不但可以确定简单的故障，还可以把较复杂的故障缩小到较小的范围。

3）注意事项。

① 当元器件已经损坏时，应进一步查明故障原因后再更换，不然会造成元器件的连续烧坏。

② 试车时，手不能离开电源开关，以便随时切断电源。

③ 直接观察法的缺点是准确性差，所以不经进一步检查不要盲目拆卸导线和元器件，以免延误时机。

2 电压测量法

正常工作时，电路中各点的电压是一定的，当电路发生故障时，电路中各点的电压也会随之改变，所以用万用表电压档测量电路中关键测试点的电压值与电路原理图上标注的正常电压值进行比较，来缩小故障范围或确定故障部位。

（1）方法和步骤

1）分阶测量法。电压的分阶测量法如图4-18所示。当按起动按钮SB2，接触器KM1不吸合，说明电路有故障。

检查时，需要两人配合进行。一人按下SB2不放，另一人把万用表拨到交流电压500V档位上，首先测量0、1两点之间的电压，若电压值为380V左右，说明控制电路的电源电压正常。然后，将黑色表笔接到0点上，红色表笔按标号依次向前移动，分别测量标号2、3、4、5、6各点的电压。电路正常的情况下，0与2~6各点电压均为380V左右。若0与某一点之间无电压，说明是电路有故障。例如，测量0与2两点之间的电压时，电压为0V，说明热继电器FR的常闭触点接触不良或触点两端接线柱所接导线断路。究竟故障在触点上，还是连线断路，可先接牢所接导线，然后将红色表笔接在FR常闭触点的接线柱2上，若电压仍为0V，则故障在FR常闭触点上。

如果测量0与2两点之间的电压时，电压为380V，说明热继电器FR的常闭触点无故障。但是，测量0与3两点时，电压为0V，则说明行程开关SQ的常闭触点有故障或接线柱的与导线接触不良。

图 4-18　电压的分阶测量法

扫一扫看视频

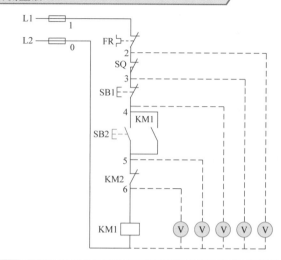

维修实践中，根据故障的情况也可不必逐点测量，而多跨几个标号测试点进行测量。

2）分段测量法。触点闭合后各电器之间的导线在通电时，其电压降接近于零；而用电器、各类电阻、线圈通电时，其电压降等于或接近于外加电压。根据这一特点，采用分段测量法检查电路故障更为方便。电压的分段测量法如图 4-19 所示。

图 4-19　电压的分段测量法

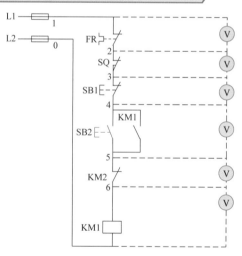

当按下按钮 SB2 时，如接触器 KM1 不吸合，说明电路有故障。检查时，按住按钮 SB2 不放，先测 0、1 两点的电源电压。电压在 380V 左右，而接触器不吸合，说明电路有断路之处。此时，可将红、黑两表笔逐段或者重点测相邻两点标号的电压。当电路正常时，除 0 与 6 两标号之间的电压等于电源电压外，其他相邻两点间的电压都应为 0V。如测量某相邻两点电压为 380V 左右，说明该两点之间所包括的触点或连接导线接触不良或断路。例如，标号 3 与 4 两点之间的电压为 380V 左右，则说明停止按钮 SB1 接触不良。同理，可以查出其他故障部位。

当测量电路电压无异常，而 0 与 6 间电压正好等于电源电压，接触器 KM1 仍不吸合，则说明接触器 KM1 的线圈断路或机械部分被卡住。

对于机床电器开关及电器相互之间距离较大、分布面较广的设备，由于万用表的表笔连线长度有限，所以用分段测量法检查故障比较方便。

（2）注意事项

1）用分阶测量法时，图4-18中标号6以前各点对0点电压应为380V左右，如低于该电压（相差20%以上，不包括仪表误差）时可视为电路故障。

2）用分段测量法时，如果测量到接触器线圈两端6与0的电压等于电源电压，可判断为电路正常；如不吸合，说明接触器本身有故障。

3）电压的两种检查方法可以灵活运用，测量步骤也不必过于死板，也可以在检查一条电路时用两种方法。

4）在运用以上两种测量方法时，必须将起动按钮SB2按住不放，才能测量。

3 电阻测量法

电路在正常状态和故障状态下的电阻是不同的。例如，由导线连接的线路段的电阻为零，出现断路时，断路点两端的电阻为无穷大；负载两端的电阻为某一定值，负载短路时，负载两端的电阻为零或减小。所以可以通过测量电路的电阻值来查找故障点。

电阻测量法可以测量元器件的质量，也可以检查线路的通断、接插件的接触情况，通过对测量数据的分析来寻找故障元器件。

（1）检查方法和步骤

1）分阶测量法。电阻的分阶测量法如图4-20所示。当确定电路中的行程开关SQ闭合时，按下起动按钮SB2，接触器KM1不吸合，说明该电路有故障。检查时先将电源断开，把万用表拨到电阻档上，测量0、1两点之间的电阻（注意测量时，要一直按下起动按钮SB2）。若两点之间的电阻值接近接触器线圈电阻值，说明接触器线圈良好。如电阻为无穷大，说明电路断路。为了进一步检查故障点，将0点上的表笔移至标号2上，如果电阻为零，说明热继电器触点接触良好。再将表笔分别移至标号3~6，逐步测量 1－3、1－4、1－5、1－6各点的电阻值。当测量到某标号时电阻突然增大，则说明表笔刚刚跨过的触点或导线断路；若电阻为零，说明各触点接触良好。根据其测量结果可找出故障点。

图 4-20 电阻的分阶测量法

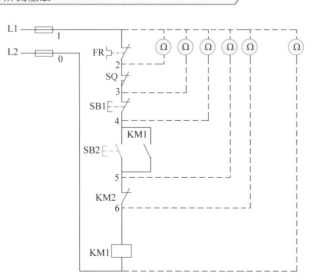

扫一扫看视频

2）分段测量法。电阻的分段测量法如图 4-21 所示。先切断电源，然后按下起动按钮 SB2 不放，两表笔逐段或重点测试相邻两标号（除 0 — 6 两点之间外）的电阻。如两点间之间的电阻很大，说明该触点接触不良或导线断路。例如，当测得 2 — 3 两点之间的电阻很大时，说明行程开关 SQ 的触点接触不良。这种方法适用于开关、电器在机床上分布距离较大的电气设备。

图 4-21 电阻的分段测量法

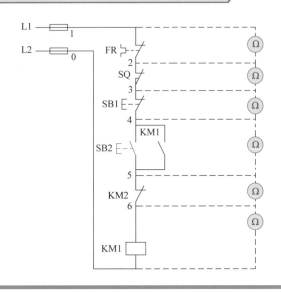

（2）注意事项

电阻测量法的优点是安全，缺点是测量电阻值不准确时容易造成判断错误。为此应注意以下几点：

1）用电阻测量法检查故障时，一定要断开电源。

2）如所测量的电路与其他电路并联，必须将该电路与其他电路断开，否则测量值会小于正常值。

3）测量高电阻器件，万用表要拨到适当的档位。在测量连接导线或触点时，万用表要拨到 $R \times 1\Omega$ 的档位上，以防仪表误差造成误判。

4）对于较为复杂的电路，例如电路板上某电阻的阻值、电容器是否漏电等，一般应卸下来才能确定，因为电路板上很多元器件相互关联，无法独立测试某一元器件。

4 短接法

电路或电器的故障大致归纳为短路、过载、断路、接地、接线错误、电器的电磁及机械部分故障等六类。诸类故障中出现较多的是断路故障，它包括导线断路、虚连、松动、触点接触不良、虚焊、假焊、熔断器熔断等。对这类故障除用电阻法、电压法检查外，还有一种更为简单可靠的方法，就是短接法。方法是用一根绝缘良好的导线，将所怀疑的断路部位短接起来，如短接到某处，电路工作恢复正常，则说明该处有断路故障。

（1）检查方法和步骤

1）局部短接法。局部短接法如图 4-22 所示。当按下起动按钮 SB2，接触器 KM1 不吸合，说明该段电路有故障。检查时，可首先测量 0、1 两点电压，若电压正常，可将按钮 SB2 按住不放，分别短接 L1 — 1、1 — 2、2 — 3、3 — 4、4 — 5、5 — 6 和 0 — L2。当短接到某点，接触器吸合，说明故障就在这两点之间。

图 4-22 局部短接法

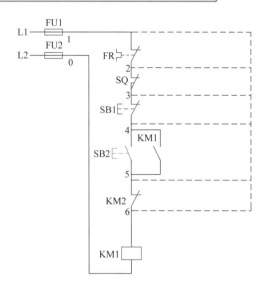

扫一扫看视频

73

2）长短接法。长短接法如图 4-23 所示，是指依次短接两个或多个触点或线段，用来检查故障的方法。这样做既节约时间，又可弥补局部短接法的某些缺陷。例如，用长短接法一次可将 1 — 6 间短接，如短接后接触器 KM1 吸合，说明 1 — 6 这段电路上一定有断路的地方，然后再用局部短接的方法来检查，就不会出现错误判断的现象。

长短接法的另一个作用是把故障点缩小到一个较小的范围。总之应用短接法时可长短接与局部短接结合，加快排除故障的速度。

图 4-23 长短接法

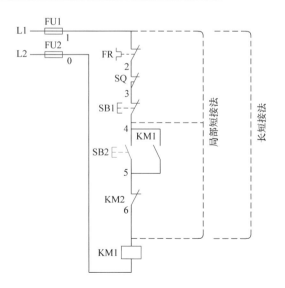

（2）注意事项

1）应用短接法是用手拿着绝缘导线带电操作的，所以一定要穿戴好绝缘防护用品，注意操作安全，避免发生触电事故。

2）应确认所检查的电路电压正常时，才能进行检查。

3）短接法只适于电压降极小的导线及电流不大的触点之类的断路故障。对于电压降较大的电阻、线圈、绕组等断路故障，不得用短接法，否则就会出现短路故障。

4）对于机床的某些要害部位要慎重行事，必须在保障电气设备或机械部位不出现事故的情况下，才能使用短接法。

5）在怀疑熔断器熔断或接触器的主触点断路时，先要估计一下电流。一般在 5A 以下时才能使用短接法，否则，容易产生较大的火花。

4.2.3 电动机控制电路故障排除实例

下面以"用按钮和接触器复合联锁的三相异步电动机正反转控制电路（见图 4-16）"为例，介绍电气控制电路的常见故障及其排除方法。已知图中 SB1 为停止按钮、SB2 为正转起动按钮、SB3 为反转起动按钮、KM1 为正转接触器、KM2 为反转接触器、FR 为热继电器、FU1 为主电路的熔断器、FU2 为控制电路的熔断器。

1 操作正、反转按钮时，电动机不能起动

（1）故障可能原因

1）刀开关 QS 闭合不好或电源无电压。

2）熔断器 FU1 或 FU2 熔断。

3）热继电器 FR 动作或常闭触点接触不良。

4）停止按钮 SB1 闭合不好。

5）电动机负载卡死或电动机线圈烧坏。

（2）检修方法与技巧

1）用低压验电笔测验 QS 上桩头（进线座）有无电压，若无电压应在线路中查找原因。若有电压，把 QS 合上，测验下桩头（出线座），若某相无电压，要断开电源打开开关进行检修，使刀闸在合上后能可靠接通某一相线路。

2）用低压验电笔测验熔断器 FU1 和 FU2 是否熔断。若熔断，要更换该熔断器的熔体。

3）用低压验电笔测验热继电器常闭触点，若测得两边触点接线螺钉有一侧亮度正常，一侧亮度较弱时，说明热继电器常闭触点动作或接触不良，要从根本上找出动作原因：若热继电器超过额定电流值动作，要检修电动机或电动机机械故障；若热继电器触点接触不良，要更换热继电器。如果热继电器触点正常，还需检查一下热继电器主回路串接导线两端是否断路。有时，由于负载电流过大或短路，很容易把热继电器主回路内部烧断，可用万用表电阻档测量各相回路是否通路，若不通，则需要更换热继电器。

4）切断电源用万用表电阻档检测停止按钮 SB1 的常闭触点，若接触不良，则需要修理或更换按钮。

5）用手转一下电动机的转轴，若不能转动，则要检修电动机机械部件或电动机轴承；若负载正常，可用 500V 绝缘电阻表测电动机绕组的绝缘电阻，若绕组绝缘损坏时，则需要更换电动机绕组。

2 操作电动机时，电动机只能正转而不能反转

（1）故障可能原因

1）将反转按钮 SB3 按下后，SB3 的常闭触点断不开正转接触器 KM1 的线圈回路或 SB3 的常开触点接不通反转接触器 KM2 的线圈回路。

2）正转按钮 SB2 的常闭触点闭合不好。

3）接触器 KM2 线圈烧断或机械动作机构卡住。

4）接触器 KM2 主触点闭合不好。

5）与接触器 KM2 线圈串接的 KM1 互锁常闭触点闭合不好。

6）接触器 KM2 自锁触点接触不良。

（2）检修方法与技巧

1）断开电源，用万用表电阻档检测按钮 SB3 的常闭触点，当按下 SB3 后，其常闭触点应能断开，切断接触器 KM1 的线圈回路，如果其常闭触点不能断开，则需要修理或更换按钮；然后测量 SB3 的常开触点，当按下按钮 SB3 后，其常开触点是否能可靠接通接触器 KM2 的线圈回路，若不能接通，则需要修理或更换按钮。

2）检修按钮 SB2 的常闭触点或更换按钮 SB2。

3）用万用表电阻档测 KM2 线圈是否断线，若已经断线，则需要更换线圈；如果线圈正常，则要检查接触器动作机构是否灵活，若其动作机构不灵活，则需要修理动作机构或更换接触器。

4）打开接触器 KM2 灭弧罩，检查主触点，若接触不良或烧断，则需要更换主触点。

5）在断开电源情况下，用万用表电阻档对接触器 KM2 线圈所串接的 KM1 互锁常闭触点进行测量，若接触器 KM1 在常规释放情况下，互锁触点 KM1 接不通线路，可再并接另一组 KM1 的常闭辅助触点。

6）检查 KM2 接触器的辅助常开自锁触点，若触点上有异物或触点变形导致接触不良时，要修理自锁触点，也可再并接另一组 KM2 的常开辅助触点，来解决接触不良的问题。

3 操作电动机时，只能反转而不能正转

（1）故障可能原因

1）按下正转起动按钮 SB2 后，SB2 的常开触点接触不良，不能接通正转接触器 KM1 的线圈回路，或 SB2 的常闭触点断不开反转接触器 KM2 的线圈回路。

2）反转按钮 SB3 的常闭触点闭合不好。

3）接触器 KM1 线圈损坏或机械动作机构不灵活。

4）接触器 KM1 主触点烧坏。

5）接触器 KM1 所串接的 KM2 互锁常闭触点闭合不好。

6）接触器 KM1 自锁触点接触不良。

（2）检修方法与技巧

1）断开电源，用万用表电阻档检测正转起动按钮 SB2 的常开触点，当按下 SB2 后，观察其是否能可靠接通接触器 KM1 线圈电路，若不能接通，则需要修理或更换按钮 SB2；然后再测按钮 SB2 常闭触点，当按下 SB2 后，其常闭触点应能断开，切断接触器 KM2 的线圈回路，如果其常闭触点不能断开，则需要修理或更换按钮。

2）用万用表检测反转按钮 SB3 的常闭触点是否闭合不好，接不通线路，若按钮已损坏，则需要修理或更换。

3）首先用万用表电阻档单独检测接触器 KM1 的线圈，若有断路或短路，则需要更换 KM1 的线圈。若线圈电阻正常，应检查接触器动作机构是否灵活可靠，可人为地做吸合、释放动作，观察动作情况，若其动作不灵活，需要修理动作机构或更换接触器。

4）打开接触器 KM1 的灭弧罩，观察接触器主触点的接触情况，若触点烧坏或接触不良，需要更换接触器的主触点。

5）断开电源，用万用表电阻档检测 KM1 线圈所串接的 KM2 互锁触点是否接触可靠，若测得接触不良，可修理或再并接另一组 KM2 的常闭辅助触点。

6）检查 KM1 自锁触点在接触器吸合后，有无接触不良现象，若接触不良，首先要修整打磨辅助自锁触点；如效果不明显也可再并接接触器 KM1 的另一组辅助常开触点。

4.3 电动机检修后的起动与试运行

4.3.1 电动机熔体的选择

熔体（或熔丝）的选择须考虑电动机起动电流的影响，同时还应注意各级熔体应互相配合，即下一级熔体应比上一级熔体小。选择原则如下：

（1）保护单台电动机的熔体的选择

由于笼型异步电动机的起动电流很大，故应保证在电动机的起动过程中熔体不熔断，而在电动机发生短路故障时又能可靠地熔断。因此，异步电动机的熔体的额定电流一般可按下式计算：

$$I_{RN} = (1.5 \sim 2.5) I_N$$

式中　I_{RN}——熔体的额定电流（A）；

　　　I_N——电动机的额定电流（A）。

上式中的系数 1.5~2.5 应视负载性质和起动方式而选取。对轻载起动、起动不频繁、起动时间短或减压起动者，取较小值；对重载起动、起动频繁、起动时间长或直接起动者，取较大值。当按上述方法选择系数还不能满足起动要求时，系数可大于 2.5，但应小于 3。

（2）保护多台电动机的熔体的选择

当多台电动机应用在同一系统中，采用一个总熔断器时，熔体的额定电流可按下式计算：

$$I_{RN} = (1.5 \sim 2.5) I_{Nm} + \sum I_N$$

式中　　I_{RN}——熔体的额定电流（A）；

　　　　I_{Nm}——起动电流最大的一台电动机的额定电流（A）；

　　　　$\sum I_N$——除起动电流最大的一台电动机外，其余电动机的额定电流的总和（A）。

根据上式求出一个数值后，可选取等于或稍大于此值的标准规格的熔体。

另外，在选择熔断器时应注意，熔断器的额定电流应大于或等于熔体的额定电流；熔断器的额定电压应不低于电动机的额定电压。

4.3.2 电动机起动前的准备和检查

1 新安装或长期停用的电动机起动前的检查

1）用绝缘电阻表检查电动机绕组之间及绕组对地（机壳）的绝缘电阻。通常对额定电压为 380V 的电动机，采用 500V 绝缘电阻表测量，其绝缘电阻值不得小于 5MΩ，否则应进行烘干处理。

2）按电动机铭牌的技术数据，检查电动机的额定功率是否合适，检查电动机的额定电压、额定频率与电源电压及频率是否相符，并检查电动机的接法是否与铭牌所标一致。

3）检查电动机滚动轴承是否有润滑脂，滑动轴承是否达到规定油位。

4）检查熔体的额定电流是否符合要求，起动设备的接线是否正确，起动装置是否灵活，有无卡住现象，触头的接触是否良好。使用自耦变压器减压起动时，还应检查自耦变压器抽头是否选得合适，自耦变压器减压起动器是否缺油，油质是否合格等。

5）检查电动机基础是否稳固，螺栓是否拧紧。

6）检查电动机机座、电源线钢管以及起动设备的金属外壳接地是否可靠。

7）对于绕线转子三相异步电动机，还应检查电刷及提刷装置（若有）是否灵活、正常。检查电刷与集电环接触是否良好，电刷压力是否合适。

以上检查工作结束后，还应按正常使用的电动机进行有关检查。

2 正常使用的电动机起动前的检查

1）检查电源电压是否正常，三相电压是否平衡，电压是否过高或过低。

2）检查线路的接线是否可靠，熔体有无损坏。

3）检查联轴器的连接是否牢固，传动带连接是否良好，传动带松紧是否合适，机组传动是否灵活，有无摩擦、卡住、窜动等不正常的现象。

4）检查机组周围有无妨碍运行的杂物或易燃物品。

3 电动机起动时的注意事项

1）合闸起动前，应观察电动机及被拖动机械上或附近是否有异物，以免发生人身及设备事故。

2）操作开关或起动设备时，操作人员应站在开关的侧面，以防被电弧烧伤。拉合闸动作应迅速、果断。

3）合闸后，如果电动机不转或转速很慢，声音不正常时，应迅速切断电源，检查熔丝及电源接线等是否有问题。绝不能合闸后等待或带电检查，否则会烧毁电动机或发生其他事故。

4）电动机连续起动的次数不能过多，电动机空载连续起动的次数一般不能超过 3~5 次；经长时间运行，处于过热状态下的电动机，连续起动次数一般不能超过 2~3 次，否则容易烧毁电动机。

5）采用星-三角起动或自耦变压器减压起动时，若用手动进行延时控制，应注意起动操作顺序和合理控制延时时间。

6）应避免多台电动机同时起动，以防线路上总起动电流过大，导致电网电压下降太多，影响其他用电设备正常运行。

4.3.3 电动机运行中的监视

对正常运行的异步电动机，应经常保持清洁，不允许有水滴、油滴或杂物落入电动机内部；应监视其运行中的电压、电流、温升及可能出现的故障，并针对具体情况进行处理。

1）电源电压的监视。异步电动机长期运行时，一般要求电源电压与额定电压的差值不超过额定电压的 10%，三相电压不对称度也不应超过额定值的 5%，否则应减载运行或调整电源电压。

2）电动机电流的监视。电动机的电流不得超过铭牌上规定的额定电流，同时还应注意三相电流是否平衡。当三相电流不平衡度超过 ±5% 时，应停机处理。

3）电动机温升的监视。监视温升是监视电动机运行状况的直接可靠的方法。当电动机的电压过低、过载运行、三相异步电动机断相运行、定子绕组短路时，都会使电动机的温升不正常地升高。

所谓温升，是指电动机的运行温度与环境温度（或冷却介质温度）的差值。例如，环境温度（即电动机未通电时的冷态温度）为 30℃，运行后电动机的温度为 100℃。则电动机的温升为 70℃（国家和行业标准中所用单位为 K）。电动机的温升限值与电动机所用绝缘材料的绝缘等级有关。

4）电动机运行中故障现象的监视。对运行中的异步电动机，应经常观察其外壳有无裂纹，螺钉（栓）是否有脱落或松动；电动机有无异响或振动等。监视时，要特别注意电动机有无冒烟或异味出现，若嗅到焦煳味或看到冒烟，必须立即停机处理。对轴承部位，要注意轴承的声响和发热情况。当使用温度计法测量时，滚动轴承温度不允许超过 95℃，滑动轴承温度不允许超过 80℃。轴承声音不正常或过热，一般是轴承润滑不良、轴承磨损严重或传动带过紧等所致。

对于用联轴器传动的电动机，若中心校正不好，会在运行中发出异常响声，并导致电动机振动及联轴器螺栓、胶垫的迅速磨损。这时应重新校正中心线。

对于用带传动的电动机，应注意传动带不应过松而导致打滑，但也不能过紧而使电动机的轴承过热。

对于绕线转子异步电动机，还应经常检查电刷与集电环（滑环）的接触及电刷磨损、压力、火花等情况。如发现火花严重应及时修整集电环表面，调整电刷弹簧的压力。

另外，还应经常检查电动机及开关外壳是否漏电或接地不良。用验电笔检查发现带电时，应立即停机进行处理。

第 5 章　电动机的拆装及绕组的拆除

5.1　电动机的拆卸与装配

5.1.1　电动机引线的拆装

拆线时应先切断电源。如果电动机的开关距离电动机较远，应把开关里的三个熔体卸掉，并且挂上"有人检修，不准合闸"的警示牌，以防有人误合闸。然后打开接线盒，用验电笔验明接线柱上确实无电后，才可动手拆卸电动机引线。拆线时，每拆下一个线头，应做好标记，并随即用绝缘带包好，以防误合闸时造成短路或触电事故。

对于绕线转子异步电动机来说，还应抬起或提出电刷。

接线时，应按所做标记连接。引线接完后，应把电动机的外壳接地。

5.1.2　电动机的拆装步骤

拆卸前，首先要做好准备工作，即准备各种工具，并做好拆卸前的记录和检查工作，然后再进行正确的拆卸。

拆卸前的记录包括以下几项：

1）修理编号。

2）出线口方向（以辨别机座的负荷与非负荷端）。

3）联轴器（或带轮）与轴台的距离。

4）标记端盖负荷端（又称轴伸端）与非负荷端。

对于绕线转子异步电动机，还应记录举刷装置手柄的行程等。

拆卸电动机时，对于中小型电动机可按图 5-1 所示的六个步骤进行：

1）卸下风扇罩。

2）卸下风扇。

3）卸下前轴承外盖和后端盖螺钉。

4）垫上厚木板或铜棒，用手锤敲打轴端，使后端盖脱离机座。

5）将后端盖连同转子抽出机座。

6）卸下前端盖螺钉，用长木块顶住前端盖内部外缘，把前端盖打下。

电动机装配前，应做好各部件的清洁工作：

1）清除定子铁心内径上的油膜、脏物等。

2）刮平剃净高出定子铁心的槽契、绝缘纸等。

3）将机座、端盖、轴承盖的止口以及转子表面擦干净。

4）用皮老虎或气筒，把定子绕组和机壳内部吹干净。

电动机装配基本上是电动机拆卸的逆过程。电动机的装配是从转子装配开始的，先将轴承内盖的空腔部分填入润滑脂后套在转轴上，再将轴承套装在转轴上。待两端的轴承均装好后，一般可先把非轴伸端的端盖（后端盖）及轴承外盖固定在转子上，再将转子装入定子，并将后端盖固定在机壳上。然后再装配前端盖及轴承外盖，最后装配风扇及风扇罩等。

图 5-1　拆卸电动机的步骤

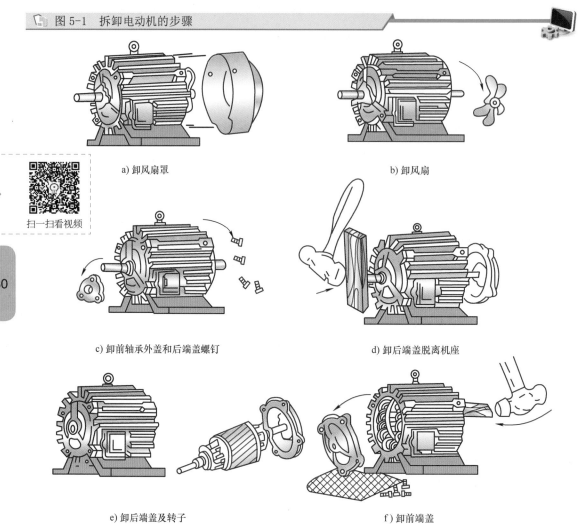

扫一扫看视频

a) 卸风扇罩　　　　　　　　　　　　　　　　b) 卸风扇

c) 卸前轴承外盖和后端盖螺钉　　　　　　　　d) 卸后端盖脱离机座

e) 卸后端盖及转子　　　　　　　　　　　　　f) 卸前端盖

5.1.3　带轮或联轴器的拆装

先旋松带轮（又称皮带轮）或联轴器上的固定螺钉或敲去定位销，在其内孔和转轴结合处加入煤油。再用专用工具——拉具（亦称拉机或抽轴机等）钩住带轮或联轴器，扳动拉具的螺杆，将带轮或联轴器从电动机转轴上缓慢拉出，如图 5-2 所示。操作时，拉钩要对称地钩住带轮或联轴器的内圈，各个钩爪受力应一致。有时为了防滑，还可用金属丝将拉杆捆绑在一起。中间主螺杆应与转轴中心线一致，在旋动螺杆时要用力均匀、平稳。对轴中心较高的电动机，可在拉具下面垫上木块。若转轴与带轮内孔结合处锈蚀或过盈尺寸偏大，拔不下来时，可采用加热法：先将拉具装好并旋紧到一定程度，用石棉包住转轴，用喷灯等快速而均匀地加热带轮或联轴器，待温度升到 250℃ 左右时，加力旋转拉具螺杆，即可顺利地将带轮或联轴器拔下。

安装时，应先将电动机转轴和带轮或联轴器的内孔清理干净，然后将带轮或联轴器套在转轴上，并对齐键槽位置，再把铜棒或硬木板垫在键的一端，把键轻轻打入槽内，并应注意键在槽内的松紧程度要适当。

图 5-2　用拉具拆卸带轮

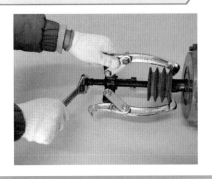

扫一扫看视频

5.1.4　轴承盖的拆装

只要拧下固定轴承盖的螺钉，即可拆下轴承外盖。拆卸时，应注意将轴承盖做好标记，以防安装时装错位置。

对于中小型电动机，由于轴承外盖是与轴承内盖用螺栓连在一起的，当端盖就位后，轴承内盖的位置则看不到了，所以需要摸索着寻找。寻找方法有两种，如图 5-3 所示。

图 5-3　轴承外盖装配方法

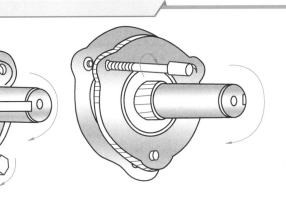

扫一扫看视频

a) 试探法　　　　　　　　　　　　　　　　b) 吊丝法

第一种方法是在套入轴承外盖之前，先将一只固定轴承外盖的螺栓伸入端盖孔内，一只手转动转子，从而带动轴承内盖转动，另一只手慢慢旋转（朝紧固方向）螺栓，当轴承内盖的螺孔接触螺栓头时，操作螺栓的手会有感觉，这样紧旋几下就能将轴承内盖位置固定，然后将该螺栓卸下，再将轴承外盖套入，最后固定好所有的螺栓。第二种方法是先将轴承外盖套入，将一根较长的螺杆插入端盖孔内，按上述方法把轴承内盖位置固定后，上好另外的螺栓，再卸下螺杆并换用固定轴承盖的螺栓。后一种方法解决了第一种方法因螺栓短而不易找到轴承内盖螺孔的问题。

紧固轴承盖螺栓的同时，应转动转子，既要使螺栓紧固到位，又要使转子转动灵活。有必要时，可用木槌轻敲电动机轴头，然后再进一步紧固上述螺栓，最终达到理想的效果。

5.1.5　端盖的拆装

拆卸端盖前应检查紧固件是否齐全，端盖是否有损伤，并在端盖与机座接合处标上记号。接着拧下轴承盖螺栓，取下轴承外盖，再卸下端盖紧固螺栓。如为大、中型电动机，端盖上留有两个退拔孔（顶丝孔），可用合适的螺栓拧入该孔将端盖取出。对于没有退拔孔的端盖，可用撬棍或一字螺钉旋具（即螺丝刀）在周围接缝中均匀加力，将端盖撬出止口。还可以用两根厚度适当的角铁，将其一边卡入端盖与机座之间的间隙中，如图5-4所示，每只手搬动一根角铁，反复撬动几次后，即可将端盖拆下。若是拆卸较重的端盖，在拆卸前必须用吊车或其他起重设备将端盖吊好再拆，否则容易碰坏端盖或碰伤其他部件，甚至伤及操作人员。

📖 图5-4　拆卸端盖的方法

扫一扫看视频

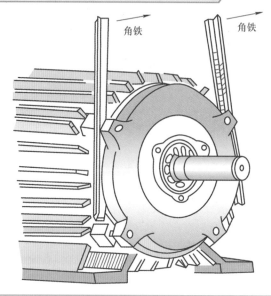

安装时，对于小型电动机一般可先装配后端盖。把转子竖直放置，将后端盖轴承孔对准轴承外圈套上，一边使端盖沿轴转动，一边用木槌敲打端盖的靠近中央部位，如图5-5所示，直到端盖到位为止。再将后轴承内盖、后轴承外盖及后轴承内按规定加足润滑油，套上后轴承外盖、拧紧轴承盖紧固螺栓即可。

📖 图5-5　后端盖的装配

a)　　　　　　　　　　b)　　　　　　　　　　c)

后端盖装配完后，按拆卸时所做的标记，将转子放入定子内腔中，合上后端盖。按对角交替的顺序拧紧后端盖紧固螺栓。注意边拧螺栓，边用木槌均匀地敲打端盖，直至到位。然后将前轴承内盖与前轴承内按规定加足润滑油。之后参照后端盖的装配方法，将前端盖装配到位。

拆装端盖时，如需敲打端盖应使用木槌、尼龙锤或铜锤，而且不能用力过大，以防端盖破裂。拧螺栓时应按对角线的位置轮番逐渐拧紧，各螺栓的松紧程度应一致。

5.1.6　转子的拆装

抽出或装入转子时，应注意不要触碰坏定子、转子铁心及绕组。

在抽出转子前，应在定子绕组端部垫上厚纸板，以免抽出转子时碰伤铁心和绕组。对于小型转子可以直接用手抽出，如图5-6所示。在拆卸较大的电机时，可两人一起操作，每人抬住转轴的一端，渐渐地把转子往外移如图5-7所示。若铁心较长，有一端不好用力时，可在轴上套一节金属管，当作假轴，方便用力。对于大中型电机的转子，如果转轴两端伸出机座部分足够长，可用起重设备吊出，请参考第12章12.2.1节大中型电动机抽装转子的方法。

图 5-6 小型电动机转子的拆卸

扫一扫看视频

83

图 5-7 中型电动机转子的拆卸

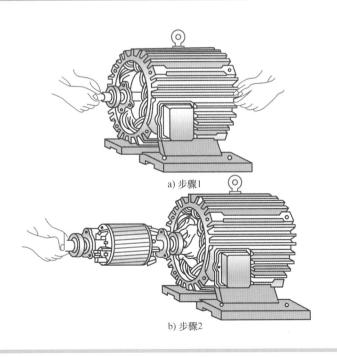

a) 步骤1

b) 步骤2

扫一扫看视频

5.1.7 轴承的拆装

　　轴承的拆卸常会遇到两种情况：一种是在转轴上拆卸；另一种是在端盖上拆卸。

　　在转轴上拆卸轴承常用三种方法：一种是用拉具按拆卸带轮的方法进行拆卸，如图5-8所示。拆卸时，钩爪一定要抓牢轴承内圈，以免损坏轴承。第二种方法是在没有拉具的情况下，用铜棒在倾斜方向顶住轴承内圈，用锤子敲打，边敲打铜棒，边将铜棒沿轴承内圈均匀移动，直到敲下轴承，如图5-9所示。第三种方法是用两块厚铁板在轴承内圈下夹住转轴，用能容纳转子的圆筒支住铁板，在转轴上端面垫上厚木板或铜板，用锤子敲打木板，直至取下轴承，如图5-10所示。

🔲 **图5-8　用拉具拆卸轴承**

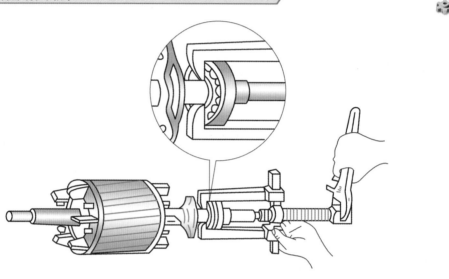

🔲 **图5-9　用锤子及铜棒拆卸轴承**

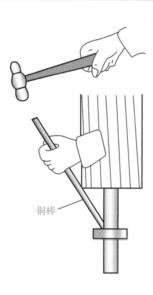

铜棒

图 5-10　用铁板圆筒支撑，敲打轴端拆卸轴承

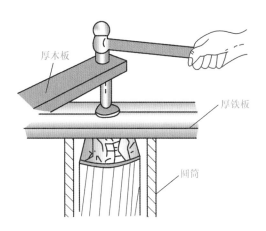

有时电动机端盖内孔与轴承外圈的配合比轴承内圈与转轴的配合更紧，在拆卸端盖时，轴承留在端盖内孔中。这时可采用图 5-11 所示的方法，将端盖止口面向上平稳地放置，在轴承外圈的下面垫上木板，但不能抵住轴承，然后用一根直径略小于轴承外径的铜棒或其他金属棒抵住轴承外圈，从上面用锤子敲打，使轴承从下方脱出。

图 5-11　拆卸端盖内孔内的轴承

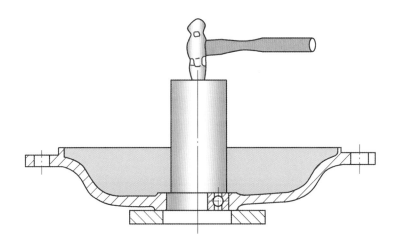

安装轴承的方法如图 5-12 所示。装配前应检查轴承是否转动灵活而又不松动，并在轴承中按其总容量的 1/2～3/4 的容积加足润滑油。装配时，先将轴承内盖加足润滑油套在转轴上，然后再装轴承。为使轴承内圈受力均匀，应用一根内径略大于转轴的铁管（套筒）套在转轴上，抵住轴承内圈，将轴承敲打到位，如图 5-12a 所示。若一时找不到套管，可用一根铁条抵住轴承内圈，在圆周上均匀敲打，使其到位，如图 5-12b 所示。安装轴承时，轴承型号必须朝外，以便下次更换时查对轴承型号信息。装配时，还应注意使轴承在转轴上的松紧程度适当。

图 5-12　轴承安装方法示意图

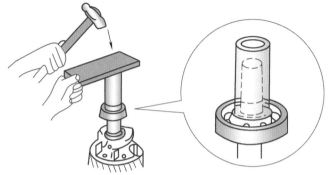

a) 套管安装法

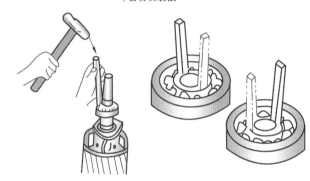

b) 铁条安装法

5.2　电动机绕组的拆除

当电动机的绕组严重损坏时，就必须将绕组全部拆换（又称重绕）。由于电动机的绝缘等级及绕组的结构不同，其拆换工艺也有所差异。下面以中小型异步电动机定子绕组为例，介绍绕组的拆除步骤及方法。

5.2.1　记录原始数据

拆除旧绕组前以及拆除过程中，除了要记录电动机的铭牌数据外，还要记录以下各项原始数据，作为选用电磁线、制作绕线模、绕制线圈及改绕计算等的参考。

（1）绕组数据

1）绕组型式。

2）每槽线数（又称每槽导体数）。

3）电磁线型号。

4）电磁线规格。

5）并绕根数。

6）线圈的节距。

7）并联支路数。

8）绕组的接法。

9）线圈的型式及尺寸。

10）线圈伸出铁心长度（见图5-13）。

11）绕组接线图。

12）绕组引出线与机座的相对位置。

13）电磁线的总重量。

图 5-13　绕组端部伸出铁心的长度

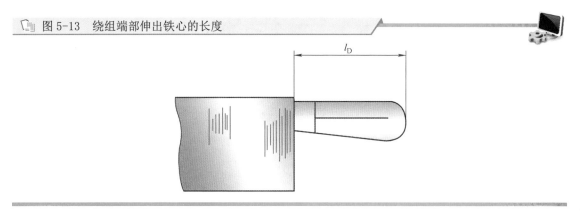

（2）铁心数据

1）定子铁心内径。

2）定子铁心外径。

3）定子铁心长度。

4）定子槽数。

5）定子铁心槽形尺寸（见图5-14）。

图 5-14　定子铁心槽形尺寸

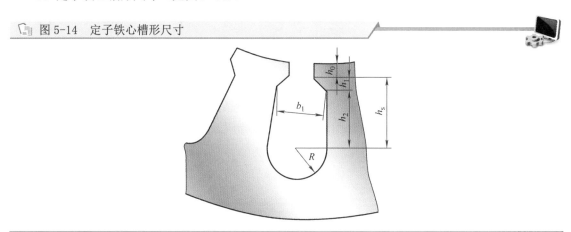

5.2.2　冷拆法

采用冷拆法拆除绕组可以保护铁心的电磁性能不致变坏，但比较费力。冷拆法又分为冷拉法和冷冲法两种。

（1）冷拉法

先用废锯条制成的刀片或其他小刀等工具，从槽口的一端将槽楔破开，将槽楔从槽中取出。也可用扁铁棒顶住槽楔的一端，用锤子将其敲出。再用斜口钳将绕组端部逐根剪断或用凿子（錾子）沿靠近铁心端面处将电磁线切断。然后用钳子夹住线圈的另一端将电磁线逐根拉出。若线圈嵌的太紧，可将铁棒从绕组端部插入后，运用杠杆原理，将电磁线用力撬出（见图5-15）。如果有专用的电动拉线机，拆除绕组就更为方便。操作时，注意不要用力过猛，以免损坏槽口或使铁心变形。

图 5-15　用铁棒撬出线圈

扫一扫看视频

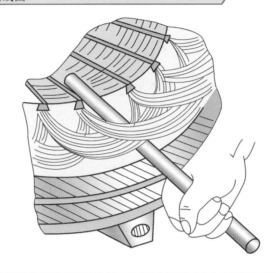

（2）冷冲法

对于电磁线较细的绕组，由于其机械强度低，容易拉断，可先用平头钢凿沿铁心端面将整个绕组齐头铲断，然后用一根横截面与槽形相似，但尺寸比槽截面略小的铁棒，抵住槽内线圈一端的断面，用锤子敲打，将线圈从另一端槽口处冲出。

5.2.3　热拆法

采用热拆法拆除绕组比较容易，但会在一定程度上破坏铁心绝缘层，影响铁心的电磁性能。热拆法又分为通电加热法、烘箱加热法和明火加热法三种。

（1）通电加热法

通电加热时需将转子抽出，用三相调压器或电焊机向定子绕组通入低压大电流，电流大小可调到额定电流的 2~3 倍。根据设备情况，可以将三相绕组同时通电（接成星形、三角形、三相绕组并联或接成开口三角形等），也可以将一相绕组、一个线圈组或单个线圈分别通电。待绝缘层软化，绕组端部冒烟时，即可切断电源，迅速打出槽楔，拆除绕组。当然，也可一边加热，一边拆除，直到全部拆完为止。这种方法适用于功率较大的电动机，其温度容易控制，但必须有足够容量的电源设备。对于绕组中有断路或短路的线圈，其局部不能加热，需采用其他方法拆除。

（2）烘箱加热法

用烘箱（也可用电炉、煤炉等）加热定子绕组，待线圈绝缘层软化后即可拆除绕组。加热时，应注意温度不宜超过 200℃，以免烧坏铁心。

（3）明火加热法

用木柴火烧加热时，将电动机定子架空立放，在定子腔中加木柴燃烧，使绝缘层软化烧焦后，将绕组拆除，也可用煤气，乙炔或喷灯等加热，拆除绕组。采用明火加热时，火势不宜太猛，时间不宜太长，以烧焦绝缘层为止。此方法虽简单易行，但会严重破坏硅钢片表面漆膜，使铁心损耗增大，电磁性能下降，因此最好不要采用明火加热法。

5.2.4　溶剂法

将电动机定子立放在一个有盖的铁箱内，用毛刷将一种自制溶剂刷在绕组的端部和槽口上，然后加盖密封，防止溶剂挥发太快，待绝缘软化后，即可将绕组拆除。

自制溶剂的方法是：配料质量比为丙酮 50％、甲苯 45％、石蜡 5％；先将石蜡加热熔化后，移开热源、再加入甲苯，最后加入丙酮搅拌均匀即可。

必须注意，使用溶剂时要防火，并注意通风良好，以防将有害气体吸入人体，造成中毒。溶剂法费用较高，一般只用于微型电动机绕组的拆除。

5.2.5 拆除绕组后应做的工作

（1）清除槽内的绝缘纸等残留物

旧绕组全部拆除后，要趁热将槽内残余绝缘材料清理干净，尤其在通风道处不应有堵塞。清理铁心时，可用清槽锯、清槽钢丝刷等专用工具（见图 5-16）进行，不许用火直接烧铁心。对于有毛刺的槽口，要用细锉锉光磨平；对于不整齐的槽形，要进行修整。如果铁心松弛和两侧不紧（拆除旧绕组时操作不妥使硅钢片向外张开），可用两块钢板制成的圆盘，其外径略小于定子绕组端部的外径，中心开孔，穿一根双头螺栓，将铁心两端夹紧，紧固双头螺栓，使铁心恢复原形。若只有个别齿的硅钢片向外张开，可在沿铁心端面约 45°的方向，用金属棒或小锤轻轻敲打该硅钢片的端部，将该硅钢片敲平或略向里弯曲即可。

图 5-16 清理铁心常用的工具

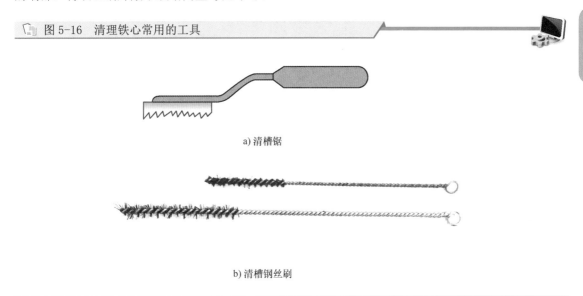

a) 清槽锯

b) 清槽钢丝刷

铁心清理后，用蘸有汽油的擦布擦拭铁心的各部分，尤其在槽内不允许有污物存在。最后再用压缩空气吹净铁心，使清理后的铁心表面应干净，槽内应清洁整齐。

（2）记录线圈的有关数据

尽可能按规格，各保留一个完整的旧线圈，以备制作绕线模时参考，并详细记录线圈的匝数、并绕根数、每根电磁线的线径、每个线圈的单匝总长（可取平均值）。

第6章 电动机绕组重绕与嵌线

6.1 线圈的绕制

6.1.1 线圈绕制的技术要求

小型异步电动机的定子绕组一般均采用散嵌式绕组。散嵌式绕组的线圈由圆电磁线绕制而成。绕制线圈时，一般须符合下列技术要求：

1）匝数要准确。绕完后的线圈其匝数应完全正确。匝数错误将引起电磁参数变化，影响电动机的技术性能。因此，在绕制线圈时，须有可靠的计数装置。

2）尺寸和形状应符合图样要求。所有线圈均须保证尺寸正确，线圈形状必须符合电动机实际要求。否则，若线圈长度过短，将造成嵌线困难，影响嵌线质量，缩短绕组正常使用寿命；若线圈直线长度过长，则不但浪费铜线，还使电动机的铜耗增加，影响电动机的运行性能，还可能因线圈端部过长而碰端盖，易造成绕组接地。

3）绝缘要良好可靠。线圈的匝间及对地绝缘都应该良好可靠。多匝线圈中的电磁线绝缘层是绕组绝缘结构中的薄弱环节，若电磁线绝缘层在绕制中受损，将会造成线圈匝间短路。因此，线圈与铁心之间以及上、下层线圈之间都必须妥善进行绝缘处理，并采用正确的工艺方法，以防止电磁线绝缘层在电机制造中受损。

6.1.2 绕线前的准备

在正式绕线前，应检查所用电磁线是否符合所需规格，然后进行试模，即用制作好的绕线模绕一只线圈（或若干匝），嵌入相应槽中，检查端部是否过长，嵌线是否困难，确定合适后，再开始正式绕制线圈。

线圈是在绕线机上利用绕线模绕成的。一般小线圈多用手摇绕线机绕制；大线圈则在电动绕线机上绕制。一般绕线机都是累计式的匝数计数器。因此，将绕线模装置好，并将扎线放入扎线槽内后，应将计数器调零或记下始绕数字才能绕线。

6.1.3 电磁线的检查

绕线前用千分尺检查电磁线直径及绝缘厚度是否符合要求。若电磁线直径过细，超出公差值，而使绕组电阻增大5％以上，将会影响电动机的电气性能。若电磁线的绝缘层厚度超过规定值，会致使嵌线困难。对于漆包线，特别要注意漆皮应均匀光滑，不应有气泡、漆瘤、霉点和漆皮剥落现象。此外，还要检查一下电磁线的软硬程度，如果太硬，则不宜绕制线圈。

在一般电动机中，使用单根电磁线直径应不超过1.60mm。线径太大，将使嵌线困难，槽空间利用率不高，因此当单根电磁线直径大于1.60mm时，宜采用两根或多根电磁线并绕。但是，线径也不能太小，否则电磁线机械强度太差，也不适宜。

6.1.4 绕制线圈的一般步骤

1）将备绕的电磁线装在放线架上，如图 6-1a 所示。如果电磁线直径小于 0.5mm，则宜采用立式拉出放线法，如图 6-1b 所示。

2）在绕线机与放线架之间，必须把电磁线夹紧，夹紧电磁线的方法很多，一般采用紧线夹，如图 6-1a 所示。紧线夹应垫有浸过石蜡的毛毡，并适当调整夹紧程度，以保证绕线时具有一定的拉力。如果绕制小型线圈，电磁线较细，可用套管套在电磁线外面，绕线时用手握住套管，靠套管与电磁线之间的摩擦力也可夹紧，如图 6-2 所示，这样操作更方便。

3）绕线前，先将绑扎线放入扎线槽内，再把电磁线的起头固定在绕线机上或其他部位。

📄 图 6-1 放线法示意图

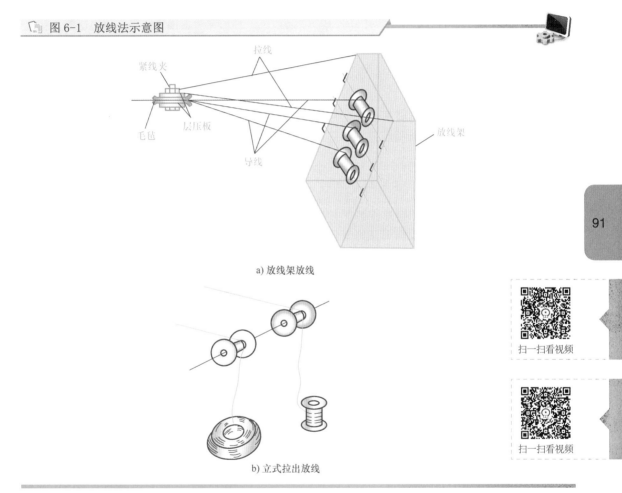

a) 放线架放线

b) 立式拉出放线

📄 图 6-2 用手握套管的方法夹紧电磁线

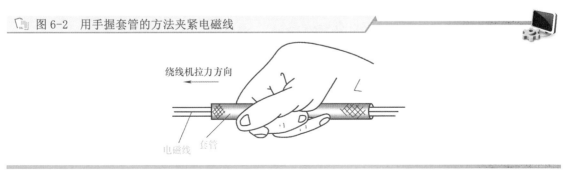

4）绕线时，每绕完一个线圈时，要把电磁线从跨线槽过渡到相邻的模芯上，并且用事先放好的绑扎线把这个已绕完的线圈捆好。

5）绕制同心式线圈时，一般先绕小线圈，再绕中线圈，最后绕大线圈。

6）每个极相组（线圈组）的线圈连绕时，过线不用套绝缘管。每相的线圈连绕时，极相组之间一般要套绝缘管。若需套绝缘管，应在绕制线圈前，首先根据一次连绕的极相组的个数确定所需绝缘管的数量，并按所需规格剪制好绝缘管，依次套入电磁线。绕制时，绕制完一个极相组后，移出近处的一个绝缘管，按规定留出连接线长度，并固定在绕线模特制的柱销上，再绕制下一个极相组。

7）按上述步骤依次绕完其余的线圈。

8）线圈绕满规定的匝数后，留足尾线，但不要过长，以免浪费。

9）用原嵌入扎线槽内的绑扎线扎好线圈，以防散乱。然后即可退出绕线模，取出线圈。

6.1.5 绕制线圈时的注意事项

1）绕线速度不宜过快。绕制线圈时必须将电磁线排列整齐，避免交叉混乱，否则将使嵌线困难，并容易造成匝间短路。

2）电磁线的规格及线圈匝数必须符合设计要求，否则将会影响电动机的性能。

3）绕线时必须保护电磁线的绝缘层，不允许有破损。

4）电磁线的接头必须安排在线圈端部斜边处进行焊接，并套上绝缘管，电磁线的接头不可安排在槽内。

6.2 绕组的嵌线工艺

6.2.1 嵌线的技术要求

绕组嵌线包括把线圈或导体嵌入铁心槽内，整理和扎紧线圈端部，以及把各个线圈连接成为绕组等工艺过程。

绕组嵌线一般应符合下列技术要求：

1）线圈的节距或跨距、连接方式、引出线与出线孔的相对位置必须正确。嵌入槽内的线圈匝数须准确。

2）绝缘应良好可靠。绝缘材料的质量和结构尺寸须符合规定。在嵌线过程中，槽口的绝缘层最易受到机械损伤，造成击穿事故。另外，线圈的绝缘层易被锐器划伤，造成匝间短路故障，因此嵌线时均应特别注意。

3）槽绝缘伸出铁心两端的长度应相等。绕组两端应对称，绕组端部的长度和内径须符合规定。

4）槽内电磁线及绕组端部电磁线应排列整齐，无严重交叉现象，端部绝缘形状应符合规定。

5）槽楔在槽中应松紧合适，槽楔不能突出槽口，并且伸出铁心两端的长度应相等。

6）接头应焊接良好，以免产生过热或发生脱焊断裂等事故。

7）嵌线之前，用压缩空气将铁心吹干净，槽内不应有毛刺及焊渣。嵌线时，应严防铁屑、铜末、焊渣等混入绕组。

6.2.2 嵌线前的准备

1）仔细检查清理铁心。铁心表面和槽内如有凸出之处，须修锉平整，用压缩空气吹净铁屑杂物。清理工作不应在嵌线区进行。

2）准备好所需工具和材料。常用材料有槽绝缘、端部相间绝缘、层间绝缘、绝缘套管、槽楔和扎带等。

绝缘材料的规格和尺寸应符合要求。某些纤维材料在剪切时，应注意其剪切方向，以获得最好的机械强度。例如，玻璃纤维布应按与纤维成 45°±2° 方向剪切，使用它作为绝缘时，不易在底部裂开。绝缘材料加工场所应注意清洁干燥。槽楔最好外购，采用引拔槽楔。当然，也可用竹板自制竹楔。首先将竹板截成槽楔所需的长度（等于或略小于槽绝缘纸的长度），用锤子敲打电工刀将竹板劈成竹楔所需尺寸的半成品。然后用右手握住电工刀紧靠在桌边，左手拿住半成品的竹楔沿箭头方向拉，如图 6-3a 所示。先削出竹楔厚度（注意保留竹皮表面，因这部分质地密实），再削出两侧斜面，使竹楔断面呈半圆形或等腰梯形，如图 6-3c 所示。为了保证向槽内打入槽楔时顺利，避免刮破绝缘层，槽楔的一端应倒角。

图 6-3 削竹楔方法及竹楔断面形状

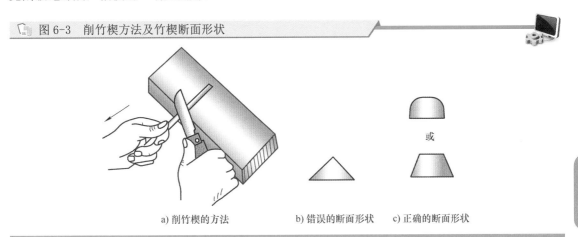

a) 削竹楔的方法　　　　b) 错误的断面形状　　c) 正确的断面形状

3）检查线圈。首先核对所用线圈与定子铁心是否相符。然后对线圈本身的绝缘进行仔细检查，如有破损处，须用相同绝缘等级的绝缘材料修补，以保证绝缘良好。

4）熟悉图样。应了解电动机极数、绕组节距、引线方向、并联支路数、绕组排列、端伸尺寸等，以及其他相关技术要求，以免在嵌线中发生差错。

6.2.3 配置绝缘

绝缘材料的耐热等级（简称绝缘等级）决定了电动机运行时的温升限度（又称极限工作温度）。允许温升限度高，用一定数量的有效材料就可以设计和制造成较大容量的电动机，从而提高有效材料的利用率。因此，采用较高耐热等级的绝缘材料，提高电动机的绝缘等级，以提高电动机的综合技术经济指标，是电动机生产的发展趋势。

在老系列（如 J2、JO2 系列）异步电动机中，采用的是 E 级绝缘；而在新系列（如 Y 系列）异步电动机中，采用的是 B 级绝缘。

1 绝缘结构

在异步电动机定子绕组中，单层绕组的绝缘结构如图 6-4 所示，双层绕组的绝缘结构如图 6-5 所示。

2 绝缘规范

（1）J2、JO2 系列电动机的绝缘规范

1）定子线圈。定子线圈由 QQ 型或 QZ 型高强度漆包线绕制而成。

图 6-4　单层绕组的绝缘结构

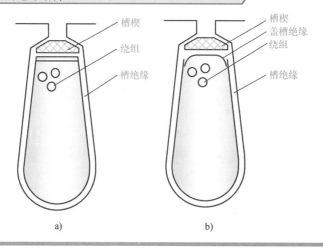

a)　　　　　　　　　　　b)

图 6-5　双层绕组的绝缘结构

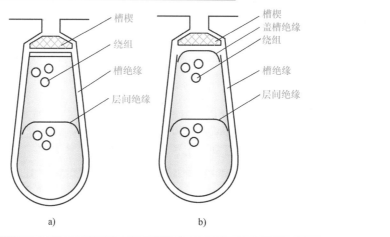

a)　　　　　　　　　　　b)

2）槽部绝缘。槽部绝缘（简称槽绝缘）采用槽绝缘不出槽口，在槽楔下加 U 形垫条（即盖槽绝缘）的方案。这个方案比槽绝缘折弯交叠的方案可减少槽绝缘高度方向的厚度，提高槽的利用率。不同机座号的电动机其槽绝缘规范见表 6-1。

表 6-1　J2、JO2 系列电动机定子绕组槽绝缘规范

机座号	槽绝缘形式	总厚度 /mm
1~2	0.22 mm 聚酯薄膜复合绝缘纸	0.22
3~5	0.27 mm 聚酯薄膜复合绝缘纸	0.27
6~9	0.15mm 三聚氰胺醇酸黄玻璃漆布与 0.27mm 聚酯薄膜复合绝缘纸	0.42

3）相间绝缘。绕组端部各相之间采用一层与槽绝缘相同规格的聚酯薄膜复合绝缘纸。其形状要与线圈端部的形状相同，但尺寸要比线圈端部大。

4）层间绝缘。当采用双层绕组时，同一个槽内上、下两层之间垫入一层 0.27mm 的聚酯薄膜复合绝缘纸，其长度约等于线圈的直线部分的长度。

5）槽楔。槽楔采用厚度为 2.5mm 或 4mm 的梯形竹楔，经变压器油煮煎处理而成。槽楔下衬垫材料规格与槽绝缘相同。

6）引接线。引接线系采用电缆，其连接部位在端部绑扎时一起扎牢。

7）端部绑扎。1~5 号机座的电动机定子绕组端部用经浸 1032 漆处理的无碱玻璃丝带或玻璃丝套管疏绕扎紧；6~9 号机座的电动机定子绕组端部必须绑扎牢。

8）绝缘漆浸烘处理。定子绕组嵌线和接线后，浸 1032 漆两次。

（2）Y 系列电动机的绝缘规范

1）定子线圈。定子线圈采用 QZ-2 型高强度聚酯漆包圆铜线绕制而成。

2）槽绝缘。槽绝缘采用复合绝缘材料（DMDM 或 DMD），不同中心高的电动机其槽绝缘规范见表 6-2。

表 6-2 Y 系列电动机定子绕组槽绝缘规范 （单位：mm）

外壳防护等级	中心高	槽绝缘形式及总厚度				槽绝缘均匀伸出铁心两端长度
		DMDM	DMD + M	DMD[①]	DMD + DMD	
IP44	80~112	0.25	0.25 (0.20 + 0.05)	0.25		6~7
	132~160	0.30	0.30 (0.25 + 0.05)			7~10
	180~280	0.35	0.35 (0.30 + 0.05)			12~15
	315	0.50			0.50 (0.20 + 0.30)	20
IP23	160~225	0.35	0.35 (0.30 + 0.05)			11~12
	250~280		0.40 (0.35 + 0.05)		0.40 (0.20 + 0.20)	12~15

① 0.25mm DMD 其中间层薄膜厚度为 0.07mm；D 表示聚酯纤维无纺布；M 表示 6030 聚酯薄膜。

3）相间绝缘。绕组端部各相之间垫入与槽绝缘相同的复合绝缘材料（DMDM 或 DMD），其形状要与线圈端部的形状相同，但尺寸要比线圈端部大。

4）层间绝缘。当采用双层绕组时，同一个槽内上、下两层线圈之间垫入与槽绝缘相同的复合绝缘材料（DMDM 或 DMD）作为层间绝缘，其长度约等于线圈的直线部分的长度。

5）槽楔。槽楔采用冲压成型的 MDB（M、D 和玻璃布 B 的复合物）复合槽楔或新型的引拔槽楔或 3240 环氧酚醛层压玻璃布板。中心高为 80~280mm 的电动机用厚度为 0.5~1.0mm 的成型槽楔或引拔槽楔，或厚度为 2mm 的 3240 板；中心高为 315mm 的电动机用厚度为 3mm 的 3240 板或引拔槽楔。冲压或引拔成型的槽楔，其长度与相应的槽绝缘相同；3240 板槽楔的长度比相应的槽绝缘短 4~6mm。槽楔下垫入长度与槽绝缘相同的盖槽绝缘。

6）引接线。引接线采用 JXN（JBQ）型铜芯橡皮绝缘丁腈护套电机绕组引接电缆，用厚 0.15mm 的醇酸玻璃漆布带或聚酯薄膜带将电缆和线圈连接处半叠包一层，外部再套醇酸玻璃漆管一层。如无大规格醇酸玻璃漆管，线圈连接处可用醇酸玻璃漆布带半叠包两层，外部再用 0.1mm 无碱玻璃纤维带半叠包一层。

7）端部绑扎。中心高为 80~132mm 的电动机，定子绕组端部每两槽绑扎一道；中心高为 160~315mm 的电动机，定子绕组端部每一槽绑扎一道；对中心高为 180mm 的二极及中心高为 200~315mm 的二、四极电动机，定子绕组的鼻端用无碱玻璃纤维带半叠包一层；中心高为 315mm 以上的二极电动机，定子绕组端部外端用无纬玻璃带绑扎一层。在有引接线的一端，应将电缆和接头处同时绑扎牢，必要时应在此端增加绑扎层数（或绑扎道数）。绑扎用材料为电绝缘用的聚酯纤维编织带（或套管），或者用无碱玻璃纤维带（或套管）。

8）绝缘漆浸烘处理。浸渍漆为1032漆时，采用二次沉浸处理工艺。采用 EIU、319 - 2 等环氧聚酯类无溶剂漆时，沉浸一次。

3 放置槽绝缘

槽绝缘在铁心槽内的放置如图6-6所示。确定槽绝缘尺寸须注意以下几点：

图 6-6　在铁心槽内放置槽绝缘

扫一扫看视频

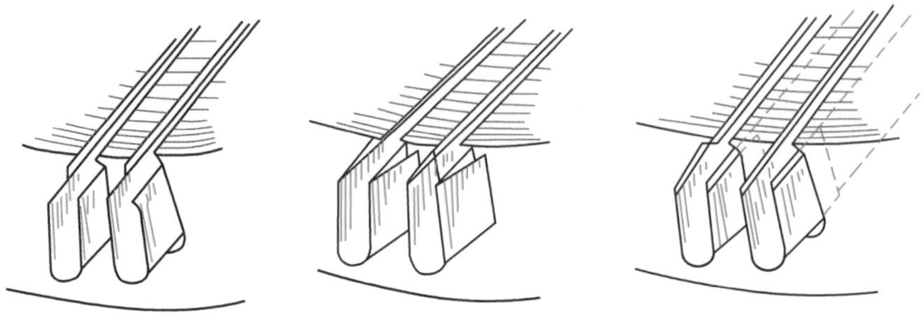

a) 槽绝缘直接伸出槽口　　　b) 槽绝缘反折回来，
但未插入槽内　　　c) 槽绝缘反折回来，
插入槽内

（1）槽绝缘两端伸出铁心的长度

槽绝缘两端伸出铁心的长度要根据电动机容量的大小而定。伸出太短时，绕组对铁心的安全距离不够，同时端部相间绝缘无法垫好。伸出太长时，相应地要增加线圈直线部分的长度，造成浪费，端盖也容易划伤绕组。常用异步电动机槽绝缘两端各伸出铁心的长度一般为 7.5~15mm 为宜。对于容量较小的电动机，不需要加强槽口绝缘的，槽绝缘只按上述要求伸出槽口即可，如图6-6a所示；对于容量较大的电动机，为了加强槽口的绝缘及其机械强度，需将槽绝缘两端伸出部分折叠成双层（或只将聚酯薄膜折叠成双层），如图6-6b和c所示。

（2）槽绝缘的宽度

槽绝缘的宽度有两种：一种是槽绝缘的宽度大于槽形的周长，即槽绝缘的高度超过气隙槽口，嵌线后将槽绝缘折入槽中，用槽楔压紧；另一种是槽绝缘的高度不高出气隙槽口，嵌线时在槽口两侧垫上引槽纸（又称引线纸），如图6-7所示。嵌完线后，抽出引槽纸，插入盖槽绝缘（又称垫条），再用槽楔压紧。

图 6-7　在槽口垫引槽纸

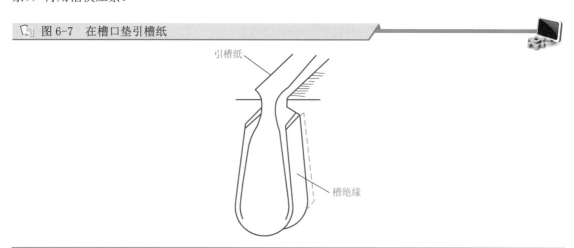

引槽纸

槽绝缘

6.2.4 嵌线的一般过程及操作方法

嵌线工作需要耐心细致，有条不紊，精心操作。现以双层绕组为例，介绍其嵌线的一般过程及操作方法。

1 嵌线的一般过程

嵌线前定子要放在工作台上，引出线孔一般应在右手侧。把裁好的槽绝缘插入槽内，并使槽绝缘均匀伸出铁心两端。由于嵌线时，经常左右拉动线圈，易使槽绝缘走偏，因此每嵌完一个线圈边，都要检查一下槽绝缘在槽中的位置。

放置好槽绝缘后，将线圈经槽口分散嵌入槽内。嵌线时，槽口须垫引槽纸（或将槽绝缘伸出槽口），以防槽口棱角刮伤电磁线绝缘。虽然软绕组（即散嵌绕组）对电磁线排列无严格要求，但电磁线不能太乱，更不能交叉太多，以免槽内容纳不下和损伤电磁线绝缘。对于槽满率高的电动机，尤其要注意将电磁线理得整齐些。

在嵌线过程中，须随时注意将绕组端部整形，两端长度须整齐对称，每嵌完一组线圈，即应压出线圈端部斜边。

双层绕组槽内层间绝缘须纵向弯成 U 形垫条插入槽内，包住下层线圈边，不允许有电磁线露在层间绝缘上面。当把线圈的上层边嵌入槽内后，将槽盖绝缘插入，或沿槽口用剪刀剪平槽绝缘纸，将槽口的槽绝缘纸褶边复叠入槽，折复槽绝缘须重叠 2mm 以上。再用压线板将其压平，然后打入槽楔，注意不得损伤电磁线和槽内绝缘。

绕组端部相间绝缘必须到位。对于双层绕组，相间绝缘要与层间绝缘交叠；对于单层绕组，相间绝缘要与盖槽绝缘交叠。

一般双层绕组，刚开始嵌的几个线圈，只嵌入下层边，而其上层边暂不嵌入槽内（称吊把），待最后一个线圈的下层边嵌入槽内后，再将吊把线圈的上层边嵌入槽内，如图 6-8a 所示。这样嵌入的绕组端部均匀对称。否则，嵌入的绕组端部不均匀对称，如图 6-8b 所示，既不便于绕组端部整形，也不利于散热。

图 6-8 双层绕组排列方式

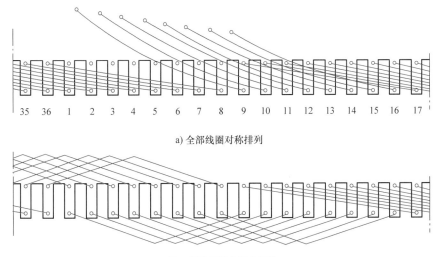

a) 全部线圈对称排列

b) 一部分线圈全嵌在槽底

2 操作方法

1）引线处理。首先把绕好的线圈的引线理直，并套上玻璃漆管。

电动机嵌线可采用前进式或后退式嵌线，两种方式无明显的优劣而言，由各自习惯而定。但通常较多采用后退式嵌线。嵌线时，应使线圈之间的连接线（即过线）的跨度比线圈的节距大一槽，把连接线处理在线圈内侧，不致使连接线拱出在线圈外面，造成绕组端部外圆上的电磁线交叉而不整齐，双层棱形绕组端部排列如图 6-9a 所示。如果线圈之间连接线的跨距比线圈节距少一槽，将使连接线拱在线圈外边，造成绕组端部外圆上的电磁线交叉而不整齐，如图 6-9b 所示。

图 6-9　双层棱形绕组端部排列图

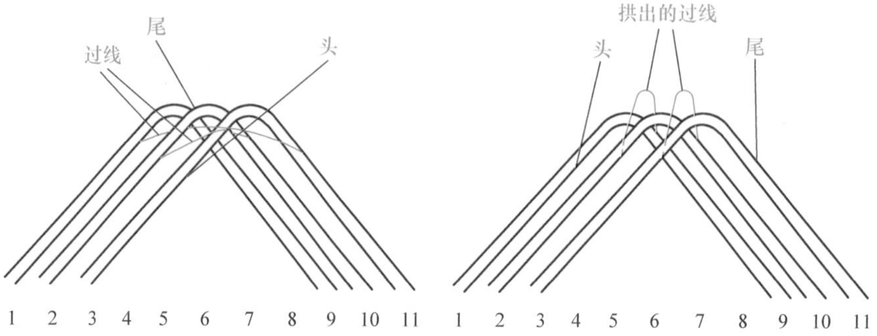

过线　尾　头　　　　　　　　　　　拱出的过线　头　尾

1　2　3　4　5　6　7　8　9　10　11　　　1　2　3　4　5　6　7　8　9　10　11

a) 正确　　　　　　　　　　　　b) 不正确

2）线圈捏法。先将线圈宽度稍加压缩，对二极电动机而言，线圈宽度要比定子铁心内径稍小一些，然后再用右手拇指和食指捏住线圈的下层边，左手捏住线圈的上层边，顺势将两条边扭一下，使上层边外侧电磁线扭在上面，下层边外侧电磁线扭到下面，如图 6-10a 所示。

图 6-10　嵌线方式示意图

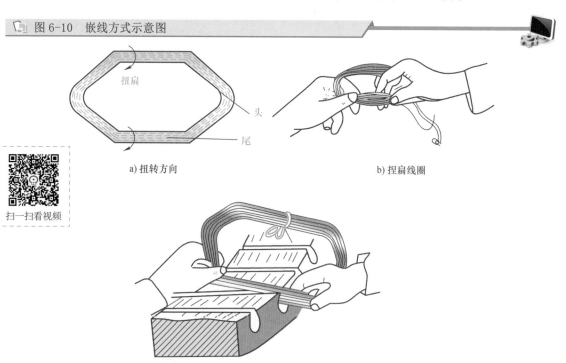

扭扁　　　头　　　尾

a) 扭转方向　　　　　　　　　　　b) 捏扁线圈

c) 将电磁线引入槽内

扫一扫看视频

这种捏法是能否将线圈顺利嵌好，是使电磁线排列整齐的关键措施之一。因为这样把线圈扭一下，使线圈端部扁而薄，便于第二个线圈的重叠。

如果嵌线时不按上述的捏法操作，则槽上部的电磁线势必拱起来。若按上述的捏法将线圈边扭一下，可使线圈内电磁线变位，线圈端部有了自由伸缩的余地，嵌线、整形就很便利。在扭线圈边的同时，将下层边的前方尽量捏扁，如图 6-10b 所示，注意将引线放在第一根先嵌。然后，将该线圈边顺手推入槽口，此时左手在定子的另一端接住，尽可能地将下层边一次拉入槽内，如图 6-10c 所示，少数未曾拉入槽内的电磁线，可用划线板划入槽内。

3）嵌线顺序。下面以节距 $y = 8$ 的双层叠绕组为例，说明嵌线顺序。由于 $y = 8$，所以第 1 个线圈的上层边应嵌入 1 号槽，而下层边应嵌入 9 号槽；同理，第 2 个线圈的上层边应嵌入 2 号槽，而下层边应嵌入 10 号槽，依此类推，如图 6-8a 所示。嵌线时，先分别嵌入前 8 个线圈的下层边，但该 8 个线圈的上层边暂时不能嵌入 1~8 号槽（称吊把或起把）要用绝缘纸将该 8 个上层边垫好，防止被铁心划伤。由于 9 号槽的下层边已嵌入线圈，所以第 9 个线圈的下层边嵌入 17 号槽后，即可将该线圈的上层边嵌入 9 号槽的上层。从嵌第一个下层边开始，就应将每个线圈的端部按下去一些，便于嵌线。在嵌完每一个线圈的上层边后，尤其在嵌完第一个上层边后，应用手掌将其端部按下去，用木槌把线圈端部打成合适的喇叭口，不得任其小于定子铁心的内圆，否则将使以后整个定子绕组嵌线困难。待最后一个线圈的下层边嵌入 8 号槽以后，再将前 8 个线圈的上层边依次嵌入 1~8 号槽。

4）嵌线与理线。嵌线时，将线圈边推至槽口，理直电磁线，一只手的拇指和食指把线圈边捏扁、不断地送入槽内，同时另一只手用划线板在线圈边两侧交替地划，引导电磁线入槽，当大部分电磁线嵌入槽内后，两掌向里和向下按压线圈端部，将线圈端部压下去一点，而且使线圈张开一些，不让已嵌入槽内的电磁线胀紧在槽口。理线时，应注意先划下面的几根，这样嵌完后，可使电磁线顺序排列，没有交叉。划线板运动方向如图 6-11a 所示。

5）电磁线压实。当槽满率较高时，可以用压线板压实，不可猛撬。定子较大时，可用小锤轻敲压线板，应注意绕组端部转角处往往容易凸起，使电磁线下不去，因此应使用竹板垫住敲打此处。

6）放置层间绝缘。在嵌完下层边后，即将层间绝缘弯成 U 形插入槽内，盖住下层边，应注意不能有电磁线露在层间绝缘上面，否则，将造成击穿。层间绝缘须用压线板压实，也可用小锤敲压线板压实。

7）封槽口。槽内全部线圈嵌完以后，先将电磁线压实，然后将槽盖绝缘插入，或将槽口的槽绝缘对折包住电磁线，折复槽绝缘须重叠 2mm 以上，如图 6-11b 所示。最后用压线板压实绝缘，从一端打入槽楔，如图 6-11c 所示，槽楔进槽后松紧要适当，注意不得损伤电磁线和绝缘。

8）放置相间绝缘。绕组端部相间绝缘必须塞到与槽绝缘相接处，且压住层间绝缘。对于容量较大的电动机，其线圈鼻端部分要包扎一下，以增加线圈之间的绝缘和线圈的机械强度。

9）端部整形。线圈嵌完后，应检查相间绝缘是否垫好。有条件时，可用专用的整形胎（可用铝质或木质，形状见图 6-12）压入绕组端部内圆。也可用木槌或垫着竹板将绕组端部打成喇叭口，如图 6-13 所示。并对绕组端部不规则部位进行修整。端部整形后，应重新检查相间绝缘是否错位或有无电磁线损坏。修剪相间绝缘时，应使其边缘高出线圈 3~5mm。

10）端部包扎。除容量较大的电动机每个线圈的端部须包扎外，其余可在嵌完线后再进行统一包扎。因为定子绕组虽是静止不转动的，但电动机在起动、运行过程中，电磁线将受电磁力振动，故绕组端部必须包扎结实。

图 6-11　理线与封槽口

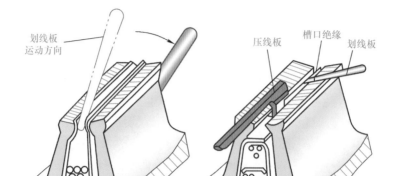

a) 划线板运动方向　　　　　b) 对折槽口绝缘

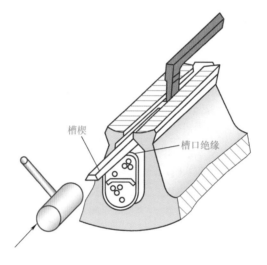

c) 打入槽楔

100

图 6-12　定子端部整形胎

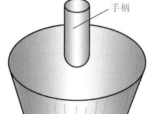

手柄

📄 图 6-13 定子端部整形示意图

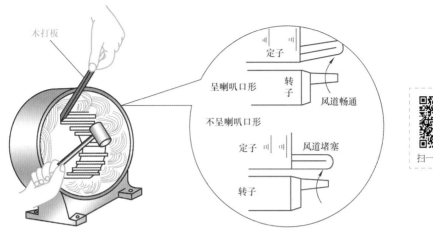

扫一扫看视频

6.2.5 单层链式绕组的嵌线工艺

小型三相异步电动机当每极每相槽数 $q = 2$ 时，定子绕组一般采用单层链式绕组。

现以定子槽数 $Z_1 = 24$、极数 $2p = 4$、$q = 2$、节距 $y = 5$（即 $y = 1 - 6$ 槽）、并联支路数 $a = 1$ 的单层链式绕组为例加以说明，图 2-7c 是该绕组的展开图。

1 工艺要点

1）起把线圈（或称吊把线圈）数等于 q。

2）嵌完一个槽后，空一个槽再嵌另一相线圈的下层边（因它的端边压在下层，故称下层边）。

3）同一相绕组中各线圈之间的连接线（又称为过桥线）为上层边与上层边相连，或下层边与下层边相连。各相绕组引出线的始端（相头）或末端（相尾）在空间互相间隔 120° 电角度。

2 嵌线工艺

1）先把第一相的第一个线圈（即图 2-7 中的线圈 1）的下层边嵌入 7 号槽内，封好槽（整理槽内导线，插入槽楔），暂时还不能把线圈 1 的上层边嵌入 2 号槽（称为起把或吊把），因为线圈 1 的上层边要压着线圈 11 和线圈 12。所以要等线圈 11 和线圈 12 的下层边嵌入槽 3 和槽 5 之后，才能把线圈 1 的上层边嵌入 2 号槽。

2）空一个槽（8 号槽）暂时不嵌线，将第二相的第一个线圈（即图 2-7 中的线圈 2）的下层边嵌入 9 号槽中，封好槽，线圈 2 的上层边暂时不嵌入 4 号槽中，因为该绕组的 $q = 2$，所以起把线圈有 2 个。

3）再空一个槽（10 号槽），将第三相的第一个线圈（即图 2-7 中的线圈 3）的下层边嵌入 11 号槽中，封好槽；因为这时线圈 1 和线圈 2 的下层边已嵌入槽中了，所以线圈 3 的上层边可按 $y = 1 - 6$（即 $y = 5$）的规定嵌入 6 号槽中，封好槽，垫好相间绝缘。

4）再空一个槽（12 号槽），将第一相的第二个线圈（即图 2-7 中的线圈 4）的下层边嵌入 13 号槽中，封好槽；然后将它的上层边按 $y = 1 - 6$ 的规定嵌入 8 号槽内。这时应注意与本相的第一个线圈的连线，即上层边与上层边相连或下层边与下层边相连。

5）以后各线圈的嵌线方法都和线圈 3、线圈 4 一样，按空一个槽嵌一个槽的方法，依次后退。轮流将第一、二、三相的线圈嵌完，最后把线圈 1 和线圈 2 的上层边（起把边）嵌入 2 号槽和 4 号槽中，至此整个绕组全部嵌完。

6.2.6 单层交叉式绕组的嵌线工艺

小型三相异步电动机当 $q = 3$ 时，定子绕组一般采用单层交叉式绕组。

现以 $Z_1 = 36$、$2p = 4$、$q = 3$、$y = \begin{cases} 1(1-8) \\ 2(1-9) \end{cases}$ 的单层交叉式绕组为例，说明嵌线工艺。图 2-8c 是该绕组的展开图。

1 工艺要点

1）起把线圈数为 $q = 3$。

2）一、二、三相依次轮流嵌。先嵌双圈，然后空一个槽，嵌单圈，再空两个槽嵌双圈，再空一个槽嵌单圈，再空两个槽嵌双圈……直至全部线圈嵌完，最后落把。

3）同一相绕组中各线圈之间的连接是上层边与上层边相连，下层边与下层边相连。

2 嵌线工艺

1）先把第一相的两个大线圈（称为双圈）中未带有引线的下层边嵌入 10 号槽内，封槽，它的上层边暂时不嵌入 2 号槽内（起把）；紧接着将另一个大线圈带有引线的下层边嵌入 11 号槽内，封槽，上层边暂时也不嵌入 3 号槽内（起把）。

2）空一个槽（12 号槽），将第二相的小线圈（称为单圈）的下层边嵌入 13 号槽内，封槽，上层边暂时不嵌入 6 号槽内（起把）。

3）再空两个槽（14 号槽和 15 号槽），将第三相的两个大线圈中的一个未带有引出线的下层边嵌入 16 号槽内，封槽，并按大线圈的节距 $y = 1 — 9$（即 $y = 8$）把它的上层边嵌入 8 号槽内，封槽，垫好相间绝缘；紧接着将另一个大线圈带有引出线的下层边和不带有引出线的上层边分别嵌入 17 号槽和 9 号槽内，并封槽。

4）再空一个槽（18 号槽），将第一相的小线圈的下层边嵌入 19 号槽内，封槽，这时应注意大圈与小圈的连接线，即上层边与上层边相连，下层边与下层边相连，然后按小圈的节距 $y = 1—8$（即 $y = 7$）把上层边嵌入 12 号槽内，封槽，垫好相间绝缘。

5）再空两个槽（20 号槽和 21 号槽），将第二相的两个大线圈中的一个未带有引出线的下层边嵌入 22 号槽内，封槽，并按节距 $y = 8$ 的规律把上层边嵌入 14 号槽内，封槽，垫好 相间绝缘；紧接着将另一个大线圈带有引出线的下层边和未有引出线的上层边分别嵌入 23 号槽和 15 号槽内，并封槽。

6）再空一个槽（24 号槽），将第三相的小线圈的下层边和上层边分别嵌入 25 号槽和 18 号槽内，并封槽，垫好相间绝缘。嵌线时注意本相线圈的连线。

7）再按上述方法，依次把第一、二、三相的线圈嵌入槽内，最后把第一、二相起把线圈的上层边分别嵌入 2 号槽、3 号槽和 6 号槽内，并封槽，垫好相间绝缘。

6.2.7 单层同心式绕组的嵌线工艺

小型三相异步电动机当 $q = 4$ 时，定子绕组一般采用单层同心式绕组。

现以 $Z_1 = 24$、$2p = 2$、$q = 4$、$y = \begin{cases} 1—12 \\ 2—11 \end{cases}$ 的单层同心式绕组为例，说明嵌线工艺。图 2-6c 是该绕组的展开图。

1 工艺要点

1）起把线圈数为 $q = 4$。

2）在同一个线圈组中，嵌线顺序是先嵌小线圈，再嵌大线圈。

3）嵌线的顺序是嵌两个槽，空两个槽。

4）同一相绕组中各线圈组之间的连接，应该是上层边与上层边相连，下层边与下层边相连。

2 嵌线工艺

1）先把第一相第一组的小线圈带有引出线的下层边嵌入 11 号槽内，封槽，上层边暂不嵌入 2 号槽内（起把）。紧接着将大线圈的下层边嵌入 12 号槽内，封槽，上层边也暂不嵌入 1 号槽内。

2）空两个槽（13 号槽和 14 号槽），把第二相第一组线圈的两个下层边（先小线圈，后大线圈）分别嵌入 15 号槽、16 号槽内，封槽，它们的上层边也暂不嵌入 6 号槽和 5 号槽内。

3）再空两个槽（17 号槽和 18 号槽），把第三相第一组线圈中的小线圈带有引出线的下层边嵌入 19 号槽内，封槽，并根据 $y = 2\!-\!11$（即 $y = 9$），把小线圈的上层边嵌入 10 号槽内，封槽；然后再把该组线圈中的大线圈的下层边嵌入 20 号槽内，封槽，并根据 $y = 1\!-\!12$（即 $y = 11$），把大线圈的上层边嵌入 9 号槽内，整理好端部，封槽，垫相间绝缘。

4）按空两个槽，嵌两个槽的方法，依次把其余的线圈嵌完，最后把第一、二相起把线圈的上层边分别嵌入 2 号槽、1 号槽和 6 号槽、5 号槽内。

6.2.8 双层叠式绕组的嵌线工艺

容量较大的中小型异步电动机的定子绕组一般采用双层叠式绕组。

现以 $Z_1 = 36$、$2p = 4$、$q = 3$、$y = 7$（即 $y = 1\!-\!8$ 槽）的双层叠式绕组为例，说明嵌线工艺。

双层叠式绕组展开图如图 2-9 所示，其嵌线工艺如下：

1）在开始嵌线时，首先要确定暂时不嵌的起把线圈数，即应有 y 个线圈（本例中有 7 个线圈）的上层边暂时不嵌。只依次嵌入它们的下层边。每个下层边嵌进槽以后，都要在它的上面盖好层间绝缘并压紧。

如本例中首先将第一相的第一个线圈组中的线圈 1、2、3 的下层边依次嵌入 8、9、10 号槽内，而这些线圈的上层边，由于压着线圈 30、31、……、36 等 7 个线圈的下层边，所以暂时还不能嵌入相应的 1、2、3 号槽中去。同理只能依次将线圈 4、5、6、7 的下层边嵌入 11、12、13、14 号槽的下层，而它们的上层边暂时也不能嵌入相应的槽中。

2）因为开始的起把线圈的数目为 $y = 7$，所以从线圈 8 开始，将它的下层边嵌入 15 号槽后，接着就可以把它的上层边嵌入 8 号槽中，封槽。

3）依次嵌入其后的各个线圈的下层边与上层边。注意，每个线圈的上层边嵌入后，都要封槽；每个线圈组嵌完后，都要垫相间绝缘。

4）直到全部线圈的下层边都嵌入定子槽以后，方可把起把的 y 个线圈的上层边依次嵌入相应的槽内，封槽。

5）同一相的各线圈组之间的连接，按反向串联的规律，即上层边与上层边相连，下层边与下层边相连见图 2-9。

6.3 三相绕组的连接

绕组连接工作是当嵌线完成后把每个线圈按 q 值和线圈分配规律接成极相组，然后再把属于同一相的极相组进行串联、并联接成相绕组，再将三相绕组接成三角形（△）、星形（Y）等，最后将三相 6 根引出线接在出线盒的接线板上。

从我国主要电机厂的生产工艺来看，单层绕组一般采用一相连绕的工艺（如穿线嵌线工艺所需线圈），这时线圈的连接不经过极相组的连接，直接将三相的相绕组接成三角形、星形等联结。

通常的接线方式有显极和庶极（或称隐极）两种。

在一个极面下属于同一相的所有线圈串联在一起称为一个极相组。例如在图 6-14 所示的一台四极电动机中，一相有四个极相组，而每一个极相组中有两个线圈。

📖 图 6-14 四极电动机显极接线方式

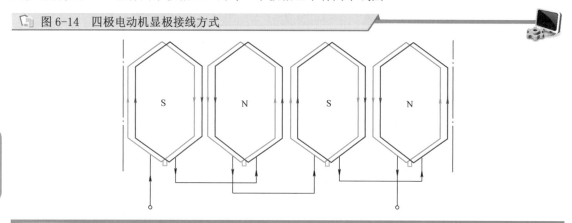

对于图 6-14 所示的四极电动机，为保证 N 极和 S 极互相交替排列，相邻的两个极相组中电流的方向必须相反。例如，在 N 极下极相组中电流是逆时针方向，则在相邻的 S 极下极相组中电流就必须为顺时针方向。在连接各极相组时，必须顺着电流方向。一般称每个极相组（或线圈）中左侧的引线为头，右侧的引线为尾。所以从图 6-14 中可以看出，各极相组之间的连接，必须是头接头、尾接尾，这是绝大多数电动机极相组接线的一般规律，称为显极接线方式。

图 6-15 也是一台四极电动机，但是只有两个极相组，在这种情况下，两个极相组中的电流方向必须相同，才能产生四极磁场。如图 6-15 中所示各极相组中电流的方向都是顺时针的，在顺着电流方向连接极相组时，必须头接尾、尾接头，这是一般规律之外的特例，称为庶极（或隐极）接线方式。这种接法一般不使用，而在单绕组变极多速电动机中会经常遇到。

📖 图 6-15 四极电动机庶极接线方式

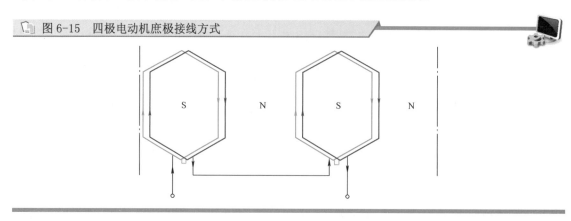

为了简便起见，在实际接线中，均绘制接线简图（又称接线圆图）指导接线，下面以图 6-16 为例，绘制接线简图。

1）因为定子绕组相数 $m = 3$，电动机极数 $2p = 4$，则 $2pm = 4 \times 3 = 12$，所以在圆周上画 12 条短线（弧线），表示 12 个极相组，如图 6-16 所示。

图 6-16 三相四极电动机接线简图

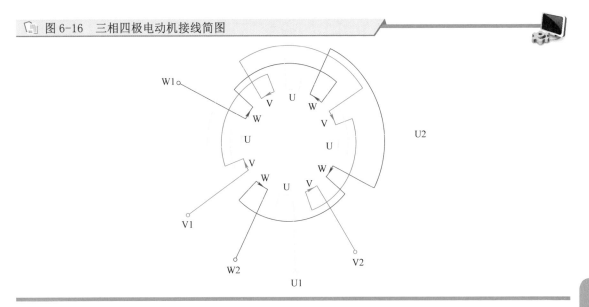

2）在短线下面标出相序，顺序为 U、V、W、U、V、W……

3）在短线上画出箭头，表示接线的方向，顺序为一正一反，一正一反……

4）按照箭头所指的方向，把 U 相接好。一般以顺时针方向看图 6-16 中的各极相组的两端，先看到的一端称为该极相组的头，后看到的一端称为尾。从图 6-16 中可以看出，U 相的连接规律为头接头、尾接尾。

5）根据 U、V、W 三相绕组应互差 120° 电角度的原则，在此例中，$2p = 4$，总的电角度为 $p \times 360° = 2 \times 360° = 720°$，极相组数为 12，故两相邻极相组间电角度为 720°/12 = 60°。则 V 相首端滞后 U 相首端两个极相组；W 相首端滞后 V 相首端两个极相组。然后按照 U 相连接方式，分别将 V 相和 W 相接好。

为了得出三相绕组首端互差 120° 电角度，可以有各种引出线的位置。在如图 6-17 所示的接线简图中，V 相首端滞后 U 相首端 120° 电角度，W 相首端超前 U 相首端 120° 电角度，这样三相首端仍互差 120° 电角度，同样可以产生三相旋转磁场。这种接线方式，6 根引出线靠得较近，引线也较短，可以节省引出线，也便于包扎，故被较多的工厂采用。

在较大容量的电动机中，由于每相绕组通过的电流较大，因此必须选用较粗的导线，但是导线直径过大会造成嵌线困难，故在双层绕组中，大多采用每相绕组由两个或两个以上的支路进行并联，以减小导线直径。几个支路并联的原则如下：

1）各支路均顺着接线简图中的箭头方向连接，并联时使得各支路箭头均是由该相首端到末端。

2）并联后各支路极相组数相等。

这里仍以三相四极电动机为例，按照上面所说的原则接成两个支路并联（即并联支路数 $a = 2$）。首先将每相绕组的极相组分别串联为两个支路，再将两个支路并联，其方法有两种：一种是短连接；另一种是长连接。

📄 图 6-17 四极电动机接线简图

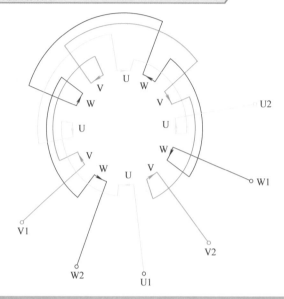

短连接是每一个支路的所有极相组集中在定子圆周的一半，即把相邻的极相组串联为一条支路，如图 6-18a 所示。长连接是每一支路的所有极相组分布在整个定子圆周上，即隔极相组串联为一条支路，如图 6-18b 所示。

📄 图 6-18 四极电动机串联接线简图（$a=2$）

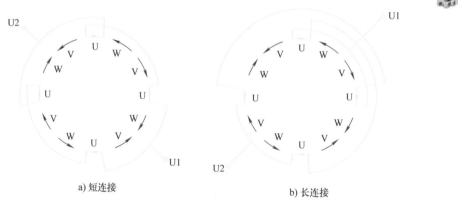

a) 短连接   b) 长连接

上述两种接法效果是相同的，均符合以上连接原则。这样，每相绕组电流分两条支路流过，每条支路电流仅为相电流的一半，导线截面积也减少一半。

前面是以整数槽三相绕组的连接为例进行介绍的，对于分数槽三相绕组的连接，除每个极相组（即线圈组）所串联的线圈数不同外，其连接方法与整数槽相同。

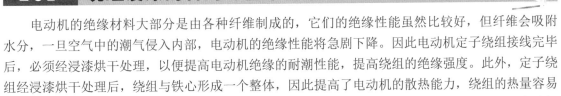

第 **7** 章 电动机绕组的浸漆与烘干

7.1 绕组浸漆的目的与基本要求

电动机的绝缘材料大部分是由各种纤维制成的，它们的绝缘性能虽然比较好，但纤维会吸附水分，一旦空气中的潮气侵入内部，电动机的绝缘性能将急剧下降。因此电动机定子绕组接线完毕后，必须经浸漆烘干处理，以便提高电动机绝缘的耐潮性能，提高绕组的绝缘强度。此外，定子绕组经浸漆烘干处理后，绕组与铁心形成一个整体，因此提高了电动机的散热能力，绕组的热量容易散发，起到降低绕组温升的作用，也提高了绕组的机械强度。所以，定子绕组的浸漆处理是电动机修理的一道十分重要的工序。

对绕组浸漆处理的基本要求是烘干、浸透、填满、粘牢，并在绕组外表面形成一层坚韧而富有弹性的漆膜。要满足这些要求，必须选择适当的绝缘漆和浸渍处理工艺。

7.2 浸漆处理常用绝缘漆的种类和特点

浸漆处理常用的绝缘漆按用途可分为浸渍漆和覆盖漆。

1 浸渍漆

根据浸渍的目的，对浸渍漆有如下要求：

1）具有合适的黏度和较高的固体含量，便于渗入绝缘内层，充填空隙，减少其吸湿性。

2）漆层固化快，干燥性好和贮存期长。

3）黏结力强，有热弹性，固化后能经受电动机运转时离心力的作用。

4）具有良好的电气性能、耐潮性能和耐热性能，且耐油及化学性能稳定。

5）对电磁线与其他材料的相容好。

浸渍漆又分为有溶剂漆和无溶剂漆两大类。

有溶剂漆由合成树脂或天然树脂与溶剂组成。具有渗透性好，贮存期长和工艺简便等优点。但浸烘周期长、固化慢，且溶剂的挥发还会造成浪费和污染环境。有溶剂漆现以醇酸类和环氧类漆应用最为普遍。

无溶剂漆由合成树脂、固化剂和活性稀释剂等组成。其具有固化快、黏度随温度变化大、浸透性好、固化过程中挥发物少、绝缘整体性好等优点。因此可提高绕组的导热和耐潮性能，降低材料消耗，缩短浸烘周期，是绝缘处理发展的主要方向。

2 覆盖漆

覆盖漆有瓷漆和清漆两种。瓷漆含有填料或颜料，清漆不含填料或颜料。覆盖漆用于涂覆经浸渍处理过的绕组端部和绝缘零、部件，在其表面形成连续而厚度均匀的漆膜，作为绝缘保护层，以防止机械损伤和受大气、润滑油、化学药品等侵蚀，提高表面放电电压。

7.3　浸漆处理工艺

目前 E 级及 B 级绝缘的电动机浸漆时，普遍采用 1032 三聚氰胺醇酸浸渍漆。浸漆处理时，一般分预烘、浸漆、烘干（干燥）三个主要环节。

7.3.1　预烘

预烘的目的是去除绕组中所含的潮气和挥发物，以提高绕组浸漆的质量。此外，提高电动机绕组浸漆时的温度，当绕组与绝缘漆接触时，绝缘漆黏度降低，可以很快地浸透到绕组里。

预烘的工艺参数是温度和时间，为了缩短去潮的时间，预烘温度可稍高些；但温度过高会影响绝缘材料的寿命。根据绝缘的耐热等级的不同，预烘温度一般可按表 7-1 选取。

表 7-1　预烘温度　　　　　　　　　　　　　　　　　　（单位：℃）

绝缘耐热等级	耐热极限温度	正常压力下预烘温度	真空情况下预烘温度	正常压力下最高预烘温度
A	105	105～115	80～110	125
E	120	115～125	80～110	140
B	130	130～140	80～110	150
F	155	150～165	80～110	175
H	180	170～190	80～110	200

预烘时间一般都是根据实验确定的。绕组开始加热后，每隔 0.5h 或 1h，用绝缘电阻表测量一次绕组对地的绝缘电阻，记录所测结果，并同时记录烘箱（房）温度，直到绝缘电阻稳定（连续3h 以上，其绝缘电阻的变化小于 10%），并不少于浸漆预烘规范中规定的时间为止。根据记录下来的数据可绘制出烘箱温度与时间的关系曲线（见图 7-1 中曲线 1）和绝缘电阻与时间的关系曲线（见图 7-1 中曲线 2）。

图 7-1　烘干室温度及绝缘电阻变化曲线

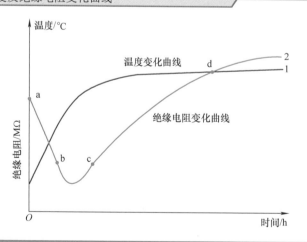

从曲线 2 可以看出，a 至 b 段绝缘电阻逐渐下降，原因是随着温度逐渐升高，绕组内部水分不断蒸发，而导致绝缘电阻开始下降。直到炉温稳定以后，绝缘电阻变化趋向最低值，即 bc 段。再经过一定时间后，潮气不断减少，绝缘电阻又逐渐上升，如 cd 段。最后绝缘电阻趋于稳定，说明绕组内部已经干燥。一般容量较小的电动机需预烘 4～6h，容量较大的电动机需预烘 5～8h。

预烘时，还须注意以下几点：

1）绕组须清洁，不准用木块作垫块，以免炭化引起火灾事故。

2）预烘温度要逐步增加。一般升温速度应不大于 30℃ /h。加热太快，内外层温差大，使潮气由外层向内部扩散，会影响干燥效果。

3）在预热升温期间，应使新鲜空气不断与烘箱内空气进行交换，以加速潮气的蒸发，当大部分潮气去除以后，应有少量换气而保持箱内温度，以使烘焙速度较快，节省时间。

4）采用热风循环干燥，箱内温度比较均匀，有利于水分蒸发。

7.3.2 常用浸漆方法

电动机修理常用的浸漆方法有以下几种：

1）沉浸法。适于批量修理的单位，即将定子或转子全部沉没于绝缘漆中，使绝缘漆充分渗透到各间隙中。

2）浇漆法。适用于单台或绕组局部修理的电动机。将定子与沿垂线略成一个角度直立于一个接漆盘内，用油壶等直接往上面的绕组端部浇漆，待绕组缝隙灌满漆液并开始从下端浸出时，将定子翻转过来，并从这一端再浇一遍，直至浇透为止。此方法较为方便、经济。

3）刷漆法。适用于绕组局部换线处理的电动机，操作方法与浇漆法基本相同，用刷子等直接往绕组端部刷漆。此方法简单省料。

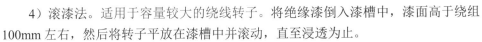
扫一扫看视频

4）滚漆法。适用于容量较大的绕线转子。将绝缘漆倒入漆槽中，漆面高于绕组 100mm 左右，然后将转子平放在漆槽中并滚动，直至浸透为止。

下面以沉浸法为例介绍浸漆的操作方法及注意事项。

沉浸法是将绕组预烘后浸入绝缘漆中，使漆渗透到绕组绝缘内部，填充所有空隙。浸渍质量决定于绕组的温度、绝缘漆的黏度和浸渍时间等因素。

浸漆次数应根据绕组的要求和选用的浸渍漆而定。在正常湿度下（相对湿度不大于 70％）工作的电动机，采用有溶剂漆时，一般应浸 2 次；采用无溶剂漆只需浸 1 次。在高湿度下（相对湿度为 80％~95％）工作的湿热带电动机，采用有溶剂漆时，一般应浸 3 次；采用无溶剂漆只需浸 2 次。在很潮湿（相对湿度大于 95％）或盐雾或化学气体影响下工作的电动机，还需适当增加浸漆次数。

采用热沉浸工艺时，经过预烘后，待绕组和铁心温度降到 60~80℃ 时，才能浸漆。若温度过高，将促使溶剂大量挥发，造成材料消耗。另一方面，绝缘漆将在较热的绕组表面会迅速结成漆膜，堵塞绝缘漆继续浸入的通道，以致造成浸不透的恶果。反之，如果温度过低，则绕组又吸入潮气，失去预烘的作用，而且与绕组接触的绝缘漆的温度将会降低，使漆的黏度增大，流动性和渗透性较差，也会使浸漆效果不好。所以，浸漆时绕组和铁心的温度应控制在 60~80℃ 为宜。

被浸渍的绕组至少应浸入漆面 100~200mm，浸到无气泡冒出，并不少于规定的时间。但浸泡时间也不宜过长，否则会泡坏电磁线漆膜，特别是 QQ 型漆包线不宜浸泡过久。

多次浸漆的作用是：第一次把漆浸透，并填满绝缘层的微孔和间隙；第二次是要把绝缘层和电磁线粘牢，并填充第一次浸漆烘干时溶剂挥发后造成的微孔，并在表面形成一层光滑的漆膜，以防止潮气的侵入；第三次及以上是要在绝缘表面形成加强的保护外层。

漆的渗透能力，主要决定于漆的黏度；漆的填充能力，主要取决于漆中固体含量的多少。因此，第一次浸漆时，漆的黏度不宜过高，否则难以浸透，并易形成漆膜，将潮气封闭在里面，影响第二次、第三次浸漆的作用。第一次浸渍的时间亦应稍长些，使漆充分浸透。以后的几次最好适当增加漆的黏度和固体含量，时间则应稍短些。这样一方面可使漆充分填满孔隙，另一方面又不至于破坏前一次浸漆的效果。

多次浸漆所用的有溶剂漆的黏度和浸渍时间可参考表 7-2。

表 7-2　多次浸漆所用的有溶剂漆的黏度和浸渍时间

浸渍次数	第一次	第二次	第三次	第四次
漆的黏度/s（20℃，4 号黏度计）	18～22	28～32	35～38	40～60
浸渍时间/min	＞15	10～15	5～10	5～10

　　漆的黏度是用福特杯 4 号黏度计（简称 4 号福特杯）来测量的。福特杯 4 号黏度计是一个容积为 100cm³ 的铜杯（黄铜或紫铜），其结构如图 7-2 所示。该杯流出口须严格控制在允许公差范围内，否则所测得的黏度误差会很大。使用时将福特杯全部沉入漆内，大杯口朝上，垂直方向取出，当漆面达到杯口表面时，按下秒表开始计时，一直到杯内所有的漆液流完，记下时间和温度。此时所得的秒数，即为在当时漆温下漆的黏度。时间越长，黏度越大；时间越短，黏度越小。

图 7-2　福特杯 4 号黏度计

　　福特杯使用后，必须用溶剂清洗，并注意保存，尤其要注意流出孔不要被阻塞或损伤。标准福特杯 4 号黏度计，在 20℃时，蒸馏水的黏度是 11.5s，可根据这一标准进行校验。

　　由于漆温对黏度影响很大，所以一般规定以 20℃ 为基准，考虑到测量时漆温不可能恒定在 20℃，因此在其他温度下测量时，必须加以换算，当采用普通的二次浸漆工艺时，可按表 7-3 换算。

表 7-3　二次浸漆工艺 1032 绝缘漆黏度 - 温度对照表

温度/℃	黏度/s 一次浸漆	黏度/s 二次浸漆	温度/℃	黏度/s 一次浸漆	黏度/s 二次浸漆	温度/℃	黏度/s 一次浸漆	黏度/s 二次浸漆
40	16	19.5	26	18.2	27	12	25.5	40
39	16	20	25	18.4	27.5	11	26	42
38	16	20.4	24	18.7	28	10	27	43.5
37	16	20.8	23	19	28.5	9	28	45.5
36	16.2	21	22	19.4	29	8	28.5	47
35	16.2	21.5	21	19.8	29.5	7	30	50.5
34	16.5	22	20	20	30	6	32	52
33	17	22.5	19	21	32.5	5	33	53.5
32	17.2	23	18	21.5	34	4	33.5	55
31	17.4	23.5	17	22	35	3	34.5	58
30	17.6	24	16	22.5	35.5	2	35	60.5
29	17.8	24.8	15	24	36.5	1	36	62
28	18	25.5	14	24.5	37.5			
27	18	26	13	25	39.5			

如果漆的黏度太大或太小，应加入稀释剂或新漆，并充分搅拌均匀。

每次浸漆完成后，都要把定子绕组垂直放置，滴干余漆，时间一般为 30～60min。直至没有漆流出为止，并用溶剂将其他部位的余漆擦净。没有很好滴干的绕组，会延长烘干时间。对于绕线转子绕组，为了避免漆在绕组内凝聚成块，在运行时受热甩出，造成事故，每次浸漆滴干后，还应进行甩漆。甩漆条件可参考表 7-4。

表 7-4 甩漆条件

转子或直流电枢	甩漆速度 /（r/min）	甩漆时间 /min
直径＜ 400mm	600	5
直径＞ 400mm	300	5
3000r/min 高速转子	300	10

采用无溶剂漆沉浸工艺时，参数一般可参考表 7-5。

表 7-5 B、F 级无溶剂漆沉浸工艺

序号	工序名称		B 级无溶剂漆			F 级无溶剂漆		
			温度 /℃	时间	热态绝缘电阻 / MΩ	温度 /℃	时间	热态绝缘电阻 /MΩ
1	预烘		130	6h	＞ 20	130	6h	＞ 50
2	第一次浸漆	浸漆	50～60	0.5h	—	50～60	0.5h	—
		滴干	室温	＞ 1h	—	室温	＞ 1h	—
		干燥	140	10h	＞ 8	150	6h	＞ 10
3	第二次浸漆	浸漆	50～60	3min	—	50～60	3min	—
		滴干	室温	0.5h	—	室温	0.5h	—
		干燥	140	12h	＞ 2	150	10h	＞ 5

采用无溶剂漆沉浸工艺要特别注意漆的保管和使用要求。为了延长漆的使用期，宜采用低温（5～10℃）贮存。无溶剂漆中一般含有毒性较重的物质（如苯乙烯），须注意劳动保护措施。

目前国内生产的低压电动机以 B 级漆为主，一般采用二次浸漆。所浸的漆是 1032 三聚氰胺醇酸漆，溶剂为二甲苯或甲苯，采用的工艺是热沉浸工艺，烘干次数为两次。普通二次浸漆的工艺参数见表 7-6。

表 7-6 普通二次浸漆的工艺参数（B 级绝缘、浸 1032 漆）

序号	工序名称	处理温度 /℃	电动机中心高 /mm	处理时间	绝缘电阻稳定值 /MΩ
1	白坯预烘	120±5	80～160	5～7h	＞ 50
			180～280	9～11h	＞ 15
2	第一次浸漆	60～80	—	＞ 15min	—
3	滴漆	20	—	＞ 30min	—
4	第一次烘干	130±5	80～160	6～8h	＞ 10
			180～280	14～16h	＞ 2
5	第二次浸漆	60～80	—	10～15min	—
6	滴漆	20	—	＞ 30min	—
7	第二次烘干	130±5	80～160	8～10h	＞ 1.5
			180～280	16～18h	＞ 1.5

7.4 烘干

浸漆后的烘干比预烘更为复杂，因为此时不仅有物理过程（溶剂的挥发），还有化学过程（漆基中树脂和干性油的氧化和聚合过程）。

余漆滴干后，应仔细清除铁心表面的余漆。这样既可以避免把易燃的漆液带进烘箱，引起火灾或爆炸，又可以减少以后刮漆的工作量。

烘干的目的是将漆中的溶剂和水分挥发掉，使绕组表面形成较坚固的漆膜。烘干过程最好分两个阶段进行。

第一阶段是低温阶段，温度控制在 70 ~ 80℃，烘 2 ~ 4h。如果这时温度太高，会使溶剂挥发太快，在绕组表面形成许多小孔，影响浸漆质量；同时过高的温度还将使绕组表面的漆很快结膜，渗入内部的溶剂受热后产生的气体无法排出，也会影响浸漆质量。

第二阶段是高温阶段，主要是漆基的聚合固化，并在绕组表面形成坚硬的漆膜。为此，烘干温度一般比预烘温度高 10℃左右。升温速度应视浸渍漆而定，一般约为 20℃ /h。此时还需要不断补充新鲜空气，高温和换气能加速氧化和聚合的过程，使烘焙时间缩短，提高漆膜的强度。低温缺氧的烘焙即使延长时间，也不能获得高质量的漆膜。烘焙过程中，每隔 1h 就要用绝缘电阻表测量一次绕组对地的绝缘电阻，烘焙时间一般以绝缘电阻连续 3h 达到持续稳定值为止，且绝缘电阻一般要在 5MΩ 以上，绕组才算烘干。在实际操作中，由于烘干设备和方法不同，烘焙的温度和时间都会有所差异，需按具体情况而定，总之应使绕组对地绝缘电阻稳定而且合格为准。

多次浸渍时，前几次烘焙时间应短一些。使漆膜还保持有黏性，以便与后几次浸漆所形成的漆膜能很好地粘合在一起，不致分层。最后一次烘干时间应长一些，以使漆膜硬结完好。

对于绕线转子绕组，烘干时间应更长一些，以免因硬结不良，运行时受热发生甩漆现象。在烘干时，应将转子立放，以免漆流结在一边而影响平衡。如因设备条件限制，只能平放烘干，则在烘干第一阶段应定期转动 180°，以防止漆流结在一边。

修理电动机时，可采用简易的方法烘干。

7.4.1 外部干燥法

1 烘房（烘箱）干燥法

烘房通常用耐火砖砌成（烘箱可用铁板焊合），如图 7-3 所示。将发热元件（一般用电热丝）装在靠近烘房两面侧壁，发热元件外面用铁片罩住。通电过程中，必须用温度计监视烘房的温度，不能超过所规定的允许值。烘房（烘箱）顶盖上应留有排出潮气和溶剂蒸气的排气孔。

2 灯泡干燥法

灯泡干燥法如图 7-4 所示。用红外线灯泡或一般灯泡使灯光直接照射到电动机绕组上，但也不可太近，以防止烤焦绕组。灯泡的功率一般可按 5kW/m³ 左右考虑。烘烤时要注意用温度计监视箱内温度，不得超过允许值。

7.4.2 内部干燥法

1 电流干燥法

电流干燥法是将电动机绕组以一定的接法通入低压电流，利用电动机绕组的铜损耗来加热。电流干燥法的接线有很多形式，但是无论采用哪种形式，其每相绕组中通过的最大电流都不宜超过电动机绕组电流的额定值的 50% ~ 60%。若用直流电源则可稍高，但也不宜超过额定值的 60% ~ 80%。由于各种电动机的具体情况不尽相同，一般干燥电流的大小，应使定子铁心在通电 3 ~ 4h 内达到 70 ~ 80℃为宜。

图 7-3 烘房

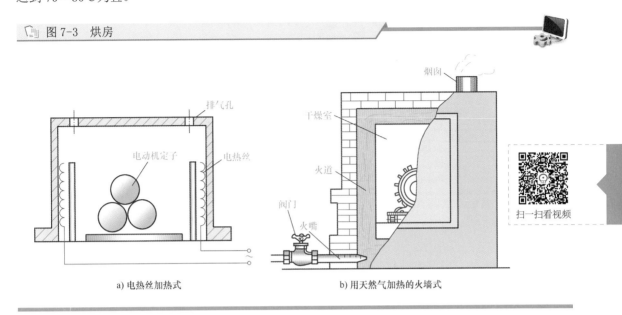

a) 电热丝加热式   b) 用天然气加热的火墙式

扫一扫看视频

113

图 7-4 灯泡干燥法

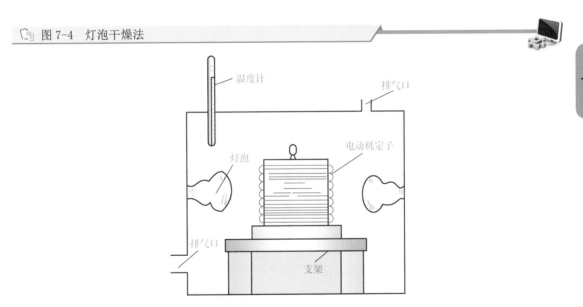

干燥用电源一般采用交流弧焊变压器或直流弧焊机，以及其他可调节的低压电源。

2 涡流干燥法

涡流干燥法是利用交变磁通在定子铁心中产生磁滞和涡流损耗使电动机发热到所需的温度进行干燥的，所以又称为铁损耗干燥法。铁心里的磁通是由临时穿绕在定子铁心和外壳上的励磁线圈产生的（见图 7-5）。此方法适宜干燥容量较大的电动机，优点是耗电量较小，比较经济，但励磁线圈参数需通过计算或实验确定。

图 7-5　涡流干燥示意图

扫一扫看视频

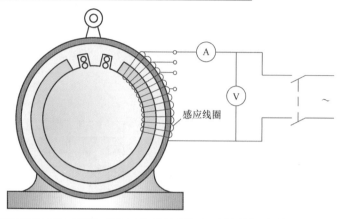

感应线圈

8.1 线圈的检查

8.1.1 外观检查

线圈的外观必须符合下列要求：

1）电磁线必须排列整齐，避免交叉混乱。

2）线圈的几何形状和尺寸必须适当。对于新绕制的线圈，必须经过试嵌装，线圈的端部不能太长，也不能太短。

3）电磁线的绝缘层必须良好，不允许有点滴破损，所有拐角部位应做到圆滑无折拐。

8.1.2 线圈匝数的检查

线圈的匝数必须符合设计要求，因为匝数多了不仅浪费电磁线，造成嵌线困难，还会使电动机的漏电抗增大，最大转矩和起动转矩倍数降低；匝数少了，电动机的空载电流增大，功率因数降低。若三相绕组匝数不相等，将造成三相电流不平衡，也将使电动机的性能变坏。因此，线圈绕制好后，必须通过严格的匝数检查。对于匝数多的线圈，可用匝数试验器进行检查。

匝数试验器的结构如图 8-1 所示。它是一个开口变压器，磁轭可以分开，在左侧铁心柱上套有励磁绕组 WE（即一次线圈），并接入 220V 交流电源，在右侧铁心柱上套有标准线圈 W2 和被测线圈 W1。励磁绕组通入交流电后，先将双刀双掷开关 S1 置于左侧，如果极性指示灯 HL 点亮后，则表明线圈 W1 和线圈 W2 极性相同。再将 S1 置于右侧，使线圈 W1 与线圈 W2 极性反接，再按下 SB，若电压表指示为零，则表明被试线圈匝数正确，若电压表指示不为零，则表明被试线圈匝数有误。为了提高测试灵敏度，开口变压器应设计成每匝电压为 0.5V 以上。

图 8-1　线圈匝数试验装置原理图

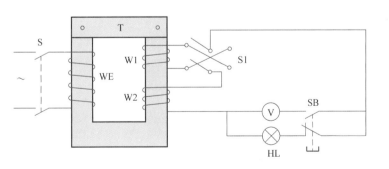

扫一扫看视频

8.2 嵌线后绕组的检查与试验

绕组嵌线后的质量检查与试验包括外表检查、绕组绝缘电阻的测定、绕组直流电阻的测定等。

8.2.1 外表检查

嵌线后，绕组的外表检查应包括下列内容：

1）嵌入的线圈，直线部分应平直、整齐，端部应没有严重的交叉现象。端部高度应符合要求。

2）电磁线绝缘层的损伤应包扎正确，接头的包扎也应正确。绕组对机座等必须保持一定的距离。

3）各部分的绝缘应当垫好，端部的绑扎必须牢固。

4）槽楔不能高于铁心，伸出两端的长度应当相等，端部槽楔不能破裂，并且应有可靠的紧度，槽口绝缘应包好，压在槽楔下。

5）槽口处绝缘无破裂，所有绝缘材料应无松动及凸出现象，以免电动机运转时受风吹动，发出声响，增大噪声。

8.2.2 绕组绝缘电阻的测定

测量绕组对机座以及绕组相与相之间的绝缘电阻，是最简便且无破坏性作用的试验方法，它可以判断绕组是否受潮，绝缘的质量是否能够达到使用要求，有无严重缺陷。

绝缘电阻值通常用绝缘电阻表测量。绝缘电阻表的选用、接线及绝缘电阻的测量方法与注意事项，可参考前面章节的有关内容。对于绕线转子异步电动机，还应测量转子绕组的绝缘电阻。如果三相异步电动机的定子、转子绕组在电动机内部已成星形或者三角形联结，可以只测它们对机壳的绝缘电阻。

测量时，应分别在实际冷状态（室温）下和热状态下进行。电动机绕组在冷状态下的绝缘电阻应大于或等于下式所求得的数值：

$$R_{i(冷)} \geq \frac{1000+U_N}{1000}$$

式中　　$R_{i(冷)}$——电动机绕组的绝缘电阻计算值（MΩ）；
　　　　U_N——电动机绕组的额定电压（V）。

绕组在热状态下的绝缘电阻应大于或等于下式所求得的数值：

$$R_{i(热)} \geq \frac{U_N}{1000+\dfrac{P_N}{100}}$$

式中　　$R_{i(热)}$——电动机绕组的绝缘电阻计算值（MΩ）；
　　　　U_N——电动机绕组的额定电压（V）；
　　　　P_N——电动机的额定功率（kW）。

8.2.3 绕组直流电阻的测定

测量绕组的直流电阻，其目的是检查三相电阻是否平衡，是否与设计值相符合，并可作为检查匝数、线径和接线是否正确，焊接是否良好等缺陷时的参考。

1 电桥法

电桥法是测量绕组的直流电阻最简单的方法。电桥有两种：一种是双臂电桥；另一种是单臂电桥。小于 1Ω 的电阻用双臂电桥测量，测量值应取到电桥所能达到的最大位数。大于 1Ω 的电阻用单臂电桥测量。不管用哪一种电桥测量电阻都应做到测量时引线要尽量短一些，连接点要接牢，尽可能加大接触面积，以减小接触电阻，提高测量精度。

为了减小测量误差，双臂电桥的接线要严格按图 8-2 所示接线。在测量同一台电动机的直流电阻时，电桥的量程开关最好拨在同一位置。

图 8-2 双臂电桥测量接线图

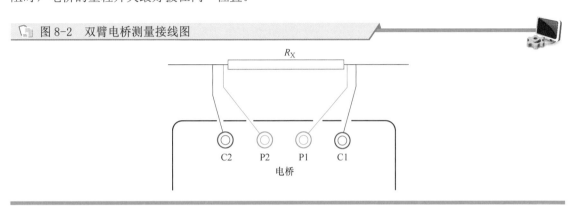

测量时，如果已经装上了转子，转子应静止不动。对于定子绕组，应在电动机的出线端上测量；对于绕线转子绕组，应尽可能在绕组与集电环的接线螺钉上测量，也可在集电环上测量。

如果三相绕组的始末端都已单独引出，或者电动机绕组为星形联结，并有星点引出时，则应分别测量每一相绕组的电阻（称为相电阻）R_A、R_B、R_C。对于只引出三个出线端的绕组，则只能测量每两个线端之间的电阻（称线电阻）R_{AB}、R_{BC}、R_{CA}，而其相电阻可按下式计算。

1）三相绕组为星形联结时，有

$$R_A = R_P - R_{BC}$$

$$R_B = R_P - R_{CA}$$

$$R_C = R_P - R_{AB}$$

2）三相绕组为三角形联结时，有

$$R_A = \frac{R_{AB}R_{BC}}{R_P - R_{CA}} + R_{CA} - R_P$$

$$R_B = \frac{R_{BC}R_{CA}}{R_P - R_{AB}} + R_{AB} - R_P$$

$$R_C = \frac{R_{CA}R_{AB}}{R_P - R_{BC}} + R_{BC} - R_P$$

$$R_P = \frac{R_{AB} + R_{BC} + R_{CA}}{2}$$

如果三个线电阻平衡，即 $R_{AB} = R_{BC} = R_{CA}$ 时，或当所测每个线电阻与三个线电阻平均值之差，对于星形联结不超过平均值的 ±2%，对于三角形联结不超过平均值的 ±1.5% 时，可使用下述关系式求取相电阻。

星形联结时
$$R_A = R_B = R_C \approx \frac{1}{2} R_{AB}$$

三角形联结时
$$R_A = R_B = R_C \approx \frac{3}{2} R_{AB}$$

直流电阻的实际数值一般采用三次测量的算术平均值。对于中小型电动机，同一电阻每次测量值与其平均值不得超过 ±0.5%，与设计值比较，不得超过 ±4%。

2 电流电压法

绕组的直流电阻一般用电桥进行测定，也可用电流电压法测出加在绕组两端的电压 U 和通过绕组的电流 I，然后用公式求出被测电阻 R_X。

电流电压法测量绕组直流电阻的接线图如图 8-3 所示。图 8-3a 为电压表后接法，它适用于电压表的内阻 r_U 远大于被测电阻 R_X 的场合，有的标准规定两者的比值大于或等于 200 时可采用此法。图 8-3b 为电压表前接法，它适用于电流表的内阻 r_I 远小于被测电阻 R_X 的场合。测量时，无论采用哪一种方法，都要求直流电源稳定，仪表接线正确并接触良好。为了提高测量的准确度，测量时间要尽量短，且通入绕组的电流不应大于绕组额定电流的 20%，并应同时测量绕组温度。若不进行修正时，则有

扫一扫看视频

$$R_X = \frac{U}{I}$$

📖 图 8-3 电流电压法测量绕组直流电阻接线图

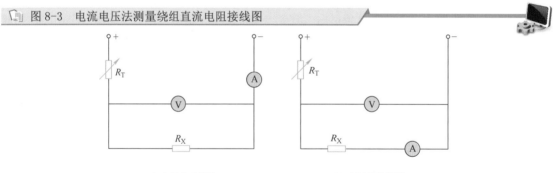

a) 电压表后接法　　　　　　　　b) 电压表前接法

对电压表后接法进行仪表误差修正时，则有

$$R_X = \frac{U r_U}{I r_U - U}$$

对电压表前接法进行仪表误差修正时，则有

$$R_X = \frac{U}{I} - r_I$$

式中　R_X ——被测电阻（Ω）；

　　　U ——电压表读数（V）；

　　　I ——电流表读数（A）；

　　　r_U ——电压表内阻（Ω）；

　　　r_I ——电流表内阻（Ω）。

8.3 装配后电动机的检查与试验

为了保证电动机的修理质量，对已修复的电动机，应进行一些必要的试验，以检验电动机的修理质量。试验大致包括绝缘电阻的测定、耐压试验、空载试验、短时升高电压试验、堵转试验、温升试验、超速试验和短时过电流（过载）试验等。其中有些试验可根据需要选做。

8.3.1 装配质量的检查

装配质量的检查包括各部分的零件是否齐全、位置是否正确、紧固螺栓是否旋紧；转子转动是否灵活、有无摩擦现象；轴承运转是否正常、有无杂音。如果是滑动轴承，还应检查油杯内是否有油、用油是否清洁、油量是否充足、有无漏油现象及甩油环转动是否灵活。此外，还要检查引出线的标记是否正确；出线盒内接线柱和连接片是否齐全；出线套管是否完整无损；对于绕线转子电动机，还应检查电刷提升短路装置（若有）的操作机构是否灵活；电刷与集电环（滑环）接触是否良好；电刷位置是否正确；电刷与刷盒（刷握）的配合是否合理。

若需测量电动机轴伸圆跳动允许时，应将电动机和千分表座放在同一平面上，千分表的测头对准轴伸长度的一半处。测头靠住轴表面，慢慢转动电动机转子，记下千分表读数的变动量。其值不应超过表 8-1 中规定的允许值。

表 8-1 电动机轴伸的圆跳动允许值

轴伸直径 /mm	圆跳动允许值 /mm	轴伸直径 /mm	圆跳动允许值 /mm
19 ~ 30	0.040	> 50 ~ 80	0.060
> 30 ~ 50	0.050	> 80 ~ 95	0.080

8.3.2 耐压试验

对于全部更换绕组的电动机，如有条件，在修复后应进行绕组对机壳及绕组相互间绝缘介电强度试验（俗称耐压试验）。

试验电压是频率为 50Hz 的高压交流电，耐压试验可以发现电动机的绝缘能否经受一定的高压而不击穿。试验电压见表 8-2 和表 8-3。

表 8-2 定子试验电压　　　　　　　　　　　　　（单位：V）

试验阶段	1 ~ 3kW 半闭口槽电动机	> 3kW 半闭口槽电动机	3 ~ 1000kW 开口槽电动机
线圈绝缘未嵌线	—	—	$2.75U_N + 4500$
嵌线后未接线	$2U_N + 2000$	$2U_N + 2500$	$2.5U_N + 2500$
接线后未浸漆	$2U_N + 1500$	$2U_N + 2000$	$2.25U_N + 2000$
总装后	$2U_N + 1000$	$2U_N + 1000$	$2U_N + 1000$

注：U_N 为电动机额定电压。

表 8-3 转子试验电压　　　　　　　　　　　　　（单位：V）

试验阶段	不可逆转子	可逆转子
包绝缘未嵌线	$2U_K + 3000$	$4U_K + 3000$
嵌线后未接线	$2U_K + 2000$	$4U_K + 2000$
接线后未浸漆	$2U_K + 1500$	$4U_K + 1500$
总装后	$2U_K + 1000$	$4U_K + 1000$

注：U_K 为转子绕组开路电压。表中除了总装后试验电压有国家标准，其他均为企业标准。

通常电动机的耐压试验只对总装配完成，各部件处于正常工作状态的电动机进行，且应在电动机静止的状态下进行。大型电动机在包绝缘、嵌线、接线过程中，为了及时发现缺陷，防止返工，各工序都要进行耐压试验。

在耐压试验前，应先测量电动机的绝缘电阻，如绝缘电阻低于 0.5 MΩ，不得进行耐压试验。

扫一扫看视频

加于被试电动机的试验电压，应从不超过试验电压全值的 1/3～1/2 开始，逐渐地或阶段地（不超过全值的 5%）升高到全值试验电压，试验电压由全值的 1/3 升到全值的时间宜为 10～15s，全值试验电压维持 1min。试验结束时，在 10～15s 的时间内，将试验电压逐渐降低到全值的 1/3～1/2 以后，再切断电源。在耐压试验中，不允许直接加全值试验电压或满压断开，以免产生操作过电压。型式试验中耐压试验最好在电动机的热状态下进行。

8.3.3 空载试验

空载试验的目的是初步检查电动机装配质量，运转是否正常、有无异常噪声和振动、空载电流和损耗是否在正常波动范围内。

电动机通过上述各项试验和检查后，既可在定子绕组上加上三相平衡的额定电压空载运转，异步电动机的空转时间视其容量大小而不同，一般可参考表 8-4。当电动机要进行型式试验时，空转时间加倍。

表 8-4　异步电动机空载运行的时间

额定功率 P_N/kW	$P_N < 1$	$1 \leq P_N < 10$	$10 \leq P_N < 100$	$100 \leq P_N < 1000$	$P_N \geq 1000$
空载运行时间 /min	5	15	30	60	120

扫一扫看视频

在电动机空转期间，应注意定子、转子是否相擦；电动机是否有过大噪声及异响；铁心是否过热；轴承温度是否正常。对于绕线转子异步电动机，还应检查电刷有无火花、过热现象。

检查电动机空载状态的同时，应测量电动机的空载电流。空载电流的测量可使用普通电流表或钳形电流表进行。对测得的电流应作以下比较：

1）三相电流是否平衡。在三相电源实际对称时，测得的各相电流与三相平均电流之差应不超过三相平均值的 ±10%。如果某相超过 10%，则该相绕组有可能存在匝间短路或轻微接地故障，或匝数有误。

2）空载电流是否稳定。测量电流时，电流表的指针不应有较大的摆动。

3）空载电流与额定电流的百分比是否超过允许范围。异步电动机空载电流的大小与电动机的结构、电动机的性能密切相关。电动机空载电流与额定电流的百分比参见表 8-5。如果空载电流与额定电流的百分比过大，则说明电动机气隙过大或定子绕组匝数偏少；若空载电流与额定电流的百分比过小，则说明定子绕组匝数偏多，可能是将三角形联结误接成星形联结或将两路误接成一路等所致。

表 8-5　异步电动机空载电流与额定电流的百分比（%）

极数	额定功率					
	0.125kW 以下	0.125～0.5kW	0.55～2.2kW	2.2～10kW	11～50kW	55～100kW
2	70～95	45～70	40～55	30～45	25～35	18～30
4	80～96	65～85	45～60	35～55	25～40	20～30
6	—	70～90	50～65	35～65	30～45	22～33
8	—	75～90	50～70	37～70	35～50	25～35

8.3.4 短时升高电压试验

短时升高电压试验（匝间绝缘试验）的目的是检查定子、转子绕组匝间绝缘的介电强度。试验电压可由变压器或自耦变压器得到。由于笼型异步电动机的转子绕组自身短路，故短时升高电压试验须在空载运转状态下进行。但对绕线转子异步电动机进行试验时，转子绕组应开路并且静止，必要时应将转子堵住。

试验时，先将电动机定子绕组施以额定电压，如情况正常，就继续升高电压到额定电压的130％，试验时间为3min。对于在130％额定电压下空载电流超过额定电流的电动机，试验时间可缩短到1min。

对于绕线转子异步电动机，应在转子静止和开路时进行试验。这时，加于定子绕组的试验电压要高于额定电压的30％，转子绕组中所感应的电压也就高于额定电压的30％，这样就同时对定子、转子绕组进行了试验。

试验中若出现下述异常现象，则表明绕组匝间短路，须立即切断电源，以免扩大成相间短路或对地短路：

1）电动机冒烟、跳弧或发出焦煳味。

2）电动机有强烈的振动和电磁噪声。

3）三相电流有不正常的变化或不平衡。

4）端电压突然下降。

5）绕线转子异步电动机转子开路自起动。

绕组匝间短路大多数在试验过程的前2min内就发生。至于哪个线圈匝间短路，可根据线圈局部过热、变色、流胶和有焦味等来判别。

8.3.5 堵转试验

进行电动机堵转试验的目的，是为了测定电动机的堵转电流，判断电动机修理的质量。在检查试验时，应按表8-6的电压值进行堵转试验，即用三相调压器将电压加到表8-6中所示的值（例如在额定电压为380V的电动机上外加电压到100V）时，立即读取三相电压、堵转时的电流和损耗，然后迅速切断电源并做好记录。

表 8-6　异步电动机堵转试验电压

额定电压 /V	220	380	600	3000	6000
堵转电压 /V	60	100	170	800	1600

三相堵转试验电流的不平衡度一般不超过2％~3％。堵转电流偏大，一般是定子绕组匝数少、气隙过大、定转子铁心未对齐等原因造成的；堵转电流偏小，一般是铸铝转子笼形导条杂质多或有缩孔、夹渣或断条、气隙小于允许值等原因造成的。堵转电流过小，会导致电动机的最大转矩和堵转转矩下降。

8.3.6 绕线转子异步电动机转子开路电压的测定

绕线转子三相异步电动机在转子绕组开路的情况下，与变压器二次绕组开路相似，在定子绕组加三相额定电压，转子绕组上就有感应电压。此时，转子任意两个集电环之间的电压称为转子开路电压。定子、转子线电压之比称为变压比。测定转子开路电压的目的是检查定子、转子绕组的匝数、节距和接线是否正确。

试验时，将转子绕组开路，在定子绕组施加三相额定电压，如无匝间短路或转子开路自起动等异常现象，应同时测量定子绕组及转子集电环上的三相线电压。转子电压可通过导线接到试验台上测量，也可通过绝缘探针直接在集电环上测量，此时须注意防止集电环相间短接。

当定子三相电压对称时，转子三相开路电压最大值或最小值与平均值之差，不得超过平均值的 ±2％。定子外施额定电压时的转子开路电压，与设计值（即铭牌标明的转子电压）之差不应超

过设计值的 ±5%。在确定定子绕组正常的条件下，转子绕组开路电压过高或过低，说明转子绕组的匝数、节距或接线不正确，或绕组可能有匝间短路，以及并联支路匝数不等而存在环流等缺陷。

对于转子开路电压在 600V 以上的电动机，试验时可以适当降低定子绕组外加电压，以便用电压表直接测量转子电压。此时，转子电压测定值U_2'可按下式换算到定子绕组为额定电压时的数值。

$$U_2 = U_2' \frac{U_N}{U_1}$$

式中　U_1——定子绕组外施电压（V）；

　　　U_N——定子绕组额定电压（V）；

　　　U_2'——定子绕组电压为 U_1 时，转子绕组的开路电压（V）；

　　　U_2——定子绕组电压为 U_N 时，转子绕组的开路电压（V）。

测量高压电动机的转子开路电压时，定子电压最好由（0.1～0.2）U_N 逐渐升高到所需数值，以免转子有短路回路而直接起动等。

试验时，由于电动机气隙不均匀所产生的单边磁拉力和转子重量在轴承上产生的静摩擦力矩，一般能使转子处于静止状态。但采用滚动轴承的电动机，轴承静摩擦力矩很小，当气隙磁场在转子铁心、压圈、钢丝箍中感应的涡流较大时，即使转子绕组开路，转子也会慢慢转动。此时，须将转子堵住（卡住）后再测量，若转子开路电压及电动机噪声正常，则表明转子无短路。

8.3.7 单相异步电动机起动元件断开时转速的测定

测取单相异步电动机起动元件断开时的转速有灭灯法和亮灯法两种，其接线图如图 8-4 所示。

当采用灭灯法时，在副绕组回路中串接一只指示灯（或电压表），并施加适当电压的电源使指示灯在起动元件闭合时点亮（或使电压表指示某一数值）。具体操作时应注意将主绕组与副绕组回路断开，如图 8-4a 所示。试验时，被试电动机由其他可调速的电动机拖动。使电动机的转速从零开始逐渐增加，用转速表测量被试电动机的转速，待指示灯突然熄灭（或电压表突然指示为零）时，记下此时被试电动机的转速，此转速值即为起动元件断开时单相异步电动机的转速。

图 8-4　用"试灯法"测取起动元件断开时的转速

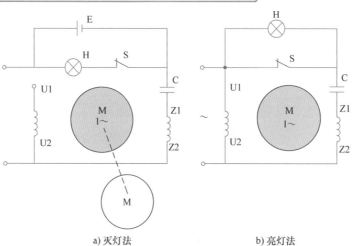

a）灭灯法　　　　　　　b）亮灯法

当采用亮灯法时，将指示灯（或电压表）与起动元件并联，如图 8-4b 所示。试验时，接通被试电动机的电源，用转速表测量被试电动机的转速，待指示灯突然点亮（或电压表突然有示值）时，记下此时电动机的转速，此转速即为起动元件断开时单相异步电动机的转速。

9.1 直流电机概述

9.1.1 直流电机的用途与特点

直流电动机具有下列特点：

1）优良的调速性能，调速平滑、方便，调速范围广。

2）过载能力大，短时过载转矩可达 2.5 倍，高的可达 10 倍，并能在低速下连续输出较大转矩。

3）能承受频繁的冲击性负载。

4）可实现频繁的快速起动、制动和反转。

5）能满足生产过程自动控制系统各种不同的特殊运行要求。

直流电动机广泛用于需要宽广、精确调速的场合和要求有特殊运行性能的自动控制系统，如冶金矿山、交通运输、纺织印染、造纸印刷以及化工与机床等工业，还可用于蓄电池电源供电的工业、交通传动系统。

直流发电机适用于实验室设备及要求广泛范围内调压的大型电机，也可作为同步电机的励磁机、蓄电池的充电电源等。由于大功率可控整流技术发展很快，直流发电机有逐步被替代的趋势。

9.1.2 直流电机的基本结构

直流电机按照能量转换方式可分为直流发电机（将机械能转换为电能）和直流电动机（将电能转换为机械能）两大类。它们的结构和维修方法都基本相同。

直流电机主要由两大部分组成：静止部分，称为定子，主要用来产生磁通；旋转部分，称为转子（通称电枢），是机械能转换为电能（发电机），或电能转换为机械能（电动机）的枢纽。在定子与转子之间留有一定的间隙，称为气隙。直流电机的结构如图 9-1 和图 9-2 所示。

图 9-1 直流电机结构图

a)

图 9-1　直流电机结构图（续）

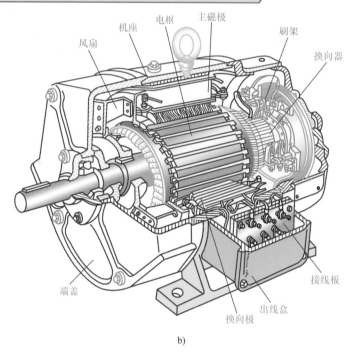

b)

图 9-2　直流电机结构示意图

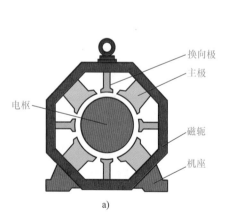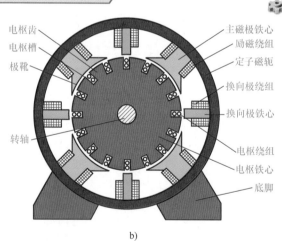

a)　　　　　　　　　　　　　　　　　b)

1　静止部分

静止部分主要由主磁极、换向极、机座、端盖、轴承和电刷装置等部件组成，其定子部分如图 9-3a 所示。

（1）主磁极

主磁极简称主极，它的作用是建立主磁场，由主极铁心和套在铁心上的励磁绕组两部分组成，如图 9-3b 所示。主极铁心通常用 1.0 ~ 1.5mm 厚的钢板冲片叠压而成。主极铁心靠近电枢一端的扩大部分称为极靴，它的作用是使气隙中的磁感应强度按照规定要求分布，并使励磁绕组牢固地固定在主极铁心上。主磁极总是成对的。各主磁极上的励磁绕组可串联，也可并联，但连接时应使相邻的主磁极的极性呈 N 极、S 极交替排列。

对于小功率直流电机常用永久磁铁产生磁场。

图 9-3　定子与主磁极结构

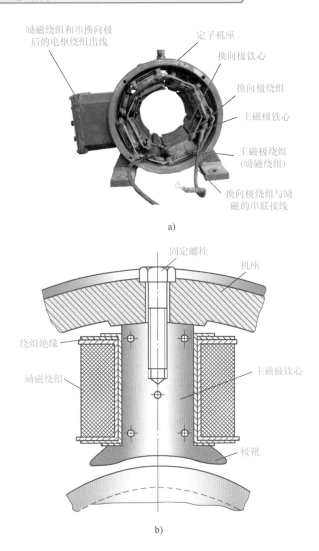

a)

b)

（2）换向极

换向极是用来改善换向的，换向极也由铁心和套在铁心上的绕组组成，如图 9-4 所示。中小型直流电机的换向极铁心，由整块钢制成。对换向要求高的电机，其换向极铁心用 1.0 ~ 1.5mm 厚的钢片叠压而成。换向极绕组与电枢绕组串联，由于需要通过较大电流而用截面积大、匝数少的矩形截面导线绕制。换向极装在两相邻主磁极之间，用螺栓固定在机座上。换向极的数目一般与主磁极的数目相等。在功率很小的直流电机中，有的电机装置的换向极的数目只有主磁极数目的一半，或不装换向极。

📖 图 9-4　换向极

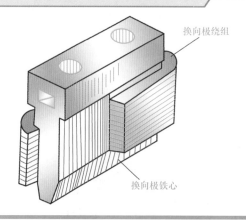

换向极绕组

换向极铁心

（3）补偿绕组

在大、中容量的直流电机中，在主磁极极靴上专门冲出一些对称分布的槽，在槽内嵌放补偿绕组，如图 9-5 所示。补偿绕组与电枢绕组串联，其电流方向与所对应的主磁极下电枢绕组的电流方向相反，从而消除交轴电枢磁动势的影响，使气隙磁场在负载时不产生畸变，可消除电位差火花，防止环火。

📖 图 9-5　补偿绕组示意图

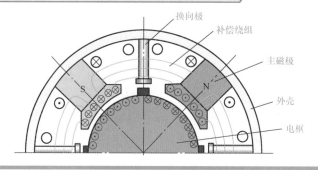

换向极

补偿绕组

主磁极

外壳

电枢

（4）机座

机座有两个作用：作为主磁路的一部分；用来固定主磁极、换向极和端盖等部件。机座中有磁通经过的部分称为磁轭。机座横截面有圆形、正方形、六边形、多边形。图 9-6 为一种直流电机的机座。机座一般用铸钢或厚钢板焊接而成，或由硅钢片叠压而成，以保证良好的导磁性能和机械强度。机座的两端装有端盖。

📖 图 9-6　直流电机的机座

（5）电刷装置

电刷装置的作用是通过固定不动的电刷与旋转的换向器之间的滑动接触，将外部直流电源与直流电机的电枢绕组连接起来。电刷装置由电刷、刷握、刷杆、刷杆座等组成，如图9-7所示。电刷放在刷握内，用弹簧将电刷压紧在换向器上。刷握固定在刷杆上，刷杆装在可移动的刷杆座上，以便调整电刷位置。刷杆与刷杆座间要进行绝缘处理。中小型直流电机的刷杆座装在端盖或轴承内盖上，大中型直流电机的刷杆座则固定在机座上。

图 9-7 电刷装置

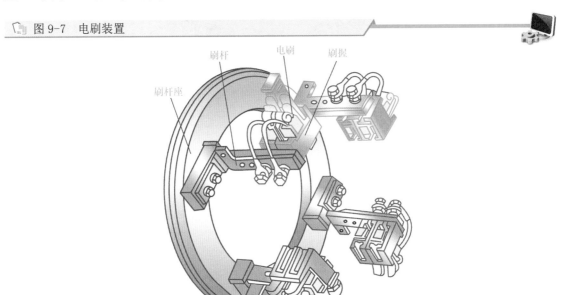

2　旋转部分

直流电机的旋转部分又称电枢，它由电枢铁心、电枢绕组、换向器等组成，如图9-8所示。

图 9-8 电枢

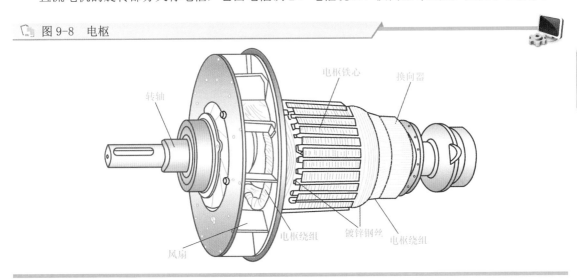

（1）电枢铁心

电枢铁心的作用：作为电机的磁路；嵌放电枢绕组。为了减少磁滞和涡流损耗，电枢铁心一般用 0.5mm 厚的硅钢片叠压而成，电枢铁心冲片如图 9-9 所示。为了加强通风冷却，有的电枢铁心冲有轴向通风孔（如图 9-9 中部小圆孔）。对于较大容量的电机，把电枢铁心沿轴向分成数段，每段 4~10cm，段与段之间空出 8~10mm 作为径向通风道。

图 9-9　电枢铁心冲片

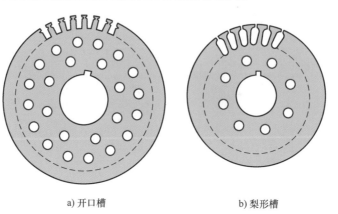

a) 开口槽　　　　　　　　　　　　b) 梨形槽

（2）电枢绕组

电枢绕组的作用是产生感应电动势、通过电流、产生电磁转矩、传送电磁功率、使电机实现能量转换。电枢绕组由许多用绝缘导线绕制的线圈（又称元件）组成。各线圈以一定的规律焊接到各换向片上而连接成一个整体。小型直流电机的电枢绕组用圆截面导线绕制，并嵌放在梨形槽中；较大容量的电机的电枢绕组则用矩形截面的导线绕制，并嵌放在开口槽中。绕组嵌入槽后，用槽楔压紧，线圈与铁心之间及上、下层线圈之间均要妥善绝缘，如图 9-10 所示。为防止电枢旋转时将导线甩出，绕组伸出槽外的端接部分用无纬玻璃丝带或非磁性钢丝扎紧。

图 9-10　电枢绕组在槽中绝缘情况

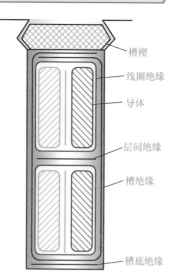

（3）换向器

换向器是直流电机的重要部件之一。在发电机中，换向器能使元件中的交变电动势变换为电刷间的直流电动势；在电动机中，它能使外加直流电流变为元件中的交变电流，产生恒定方向的电磁转矩。换向器由许多相互绝缘的换向片构成，并有多种结构形式。

图 9-11a 所示为一种常见的形式它由许多鸽尾形的换向片排成一个圆筒，片与片之间用云母垫片绝缘，两端再用两个 V 形环夹紧而构成。每个电枢元件的首端和尾端，分别焊接在相应的换向片上。小型电机常用塑料换向器，如图 9-11b 所示。这种换向器用换向片排成圆筒，再用塑料通过热压成形，简化了换向器的制造工艺，节省了材料。常用换向器的外形如图 9-12 所示。

图 9-11 换向器的结构

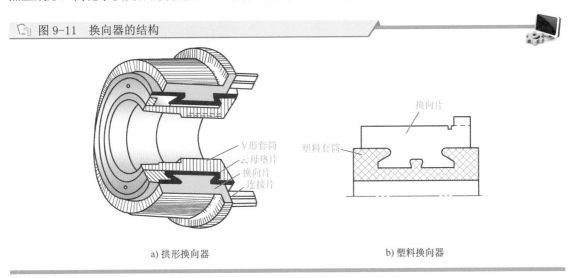

a) 拱形换向器　　　　　　　　　　　　　　　　b) 塑料换向器

图 9-12 常用换向器的外形

9.1.3 直流电动机的工作原理

图 9-13 是最简单的直流电动机的物理模型。在两个空间固定的永久磁铁之间，有一个铁制的圆柱体（称为电枢铁心）。电枢铁心与磁极之间的间隙称为空气隙。图中两根导体 ab 和 cd 连接成为一个线圈，并敷设在电枢铁心表面上。线圈的首、尾端分别连接到两个圆弧形的铜片（称为换向片）上。换向片固定于转轴上，换向片之间及换向片与转轴都互相绝缘。这种由换向片构成的整体称为换向器。整个转动部分称为电枢。为了把电枢和外电路接通，特别装置了两个电刷 A 和 B。电刷在空间上是固定不动的，其位置如图 9-13 所示。当电枢转动时，电刷 A 只能与转到上面的一个换向片接触，而电刷 B 则只能与转到下面的一个换向片接触。

📺 图9-13 直流电动机的物理模型

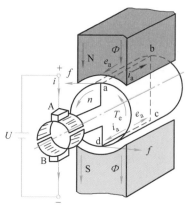

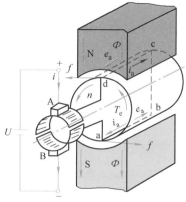

a) 电枢绕组通电瞬间　　　　　　　　　　b) 电枢旋转180°时

将电刷A、B接直流电源，于是电枢线圈中就会有电流通过。假设由直流电源产生的直流电流从电刷A流入，经导体ab、cd后，从电刷B流出，如图9-13a所示，根据电磁力定律，载流导体ab、cd在磁场中就会受到电磁力的作用，其方向可用左手定则确定。在图9-13a所示瞬间，位于N极下的导体ab受到的电磁力f，其方向是从右向左；位于S极下的导体cd受到的电磁力f，其方向是从左向右，因此电枢上受到逆时针方向的力矩，称为电磁转矩T_e。在该电磁转矩T_e的作用下，电枢将按逆时针方向转动。当电刷转过180°，如图9-13b所示时，导体cd转到N极下，导体ab转到S极下。由于直流电源产生的直流电流方向不变，仍从电刷A流入，经导体cd、ab后，从电刷B流出。可见这时导体中的电流改变了方向，但产生的电磁转矩T_e的方向并未改变，电枢仍然为逆时针方向旋转。

在实际电动机中，电枢上不是只有一个线圈，而是根据需要有许多线圈，这些线圈均匀分布在电枢表面，并按一定的规律连接起来，构成了电枢绕组。但是，不管电枢上有多少个线圈，产生的电磁转矩却始终是单一的作用方向，并使电动机连续旋转。

在实际应用中，如果需要改变直流电动机的转向，对于他励式直流电动机，只需将电枢电源或励磁电源反接即可；对于并励式直流电动机和串励式直流电动机，则只需将励磁绕组（或电枢绕组）的首尾端调换一下即可。

9.1.4　直流电动机的分类

直流电动机可按转速、电压、用途、容量、定额以及防护等级、结构安装型式和通风冷却方式等进行分类。但按励磁方式分类则更有意义。因为不同励磁方式的直流电动机的特性有明显的区别，便于我们顾名思义地了解其特点。

直流电动机的励磁方式分为他励、并励、串励和复励四类。图9-14为直流电动机各种励磁方式的接线图，图中I为直流电动机的电流（即电源向电动机输入的电流）、I_a为电枢电流、I_f为励磁电流。

1）他励式。他励式直流电动机的励磁绕组由其他电源（称为励磁电源）供电，励磁绕组与电枢绕组不相连接，其接线如图9-14a所示，永磁式直流电动机亦归属这一类，因为永磁式直流电动机的主磁场由永久磁铁建立，与电枢电流无关。

2）并励式。励磁绕组与电枢绕组并联的就是并励式。并励直流电动机的接线如图9-14b所示。

这种接法的直流电动机的励磁电流与电枢两端的电压有关。在并励式直流电动机中 $I_a = I - I_f$。

图 9-14 直流电动机各种励磁方式的接线图

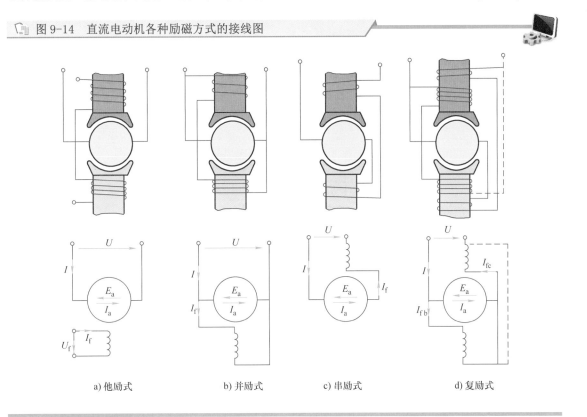

a) 他励式   b) 并励式   c) 串励式   d) 复励式

3）串励式。励磁绕组与电枢绕组串联的就是串励式。串励直流电动机的接线如图 9-14c 所示。在串励式直流电动机中 $I_a = I = I_f$。

4）复励式。复励式直流电机既有并励绕组又有串励绕组，两种励磁绕组套在同一主极铁心上。这时，并励和串励两种绕组的磁动势可以相加，也可以相减，前者称为积复励，后者称为差复励。复励直流电动机的接线图如图 9-14d 所示。图中并励绕组接到电枢的方法可按实线接法或虚线接法，前者称为短复励，后者称为长复励。事实上，长、短复励直流电动机在运行性能上没有多大差别，只是串励绕组的电流大小稍微有些不同而已。

9.2 单相串励电动机概述

9.2.1 单相串励电动机的用途和特点

单相串励电动机曾称单相串激电动机，是一种交直流两用的有换向器的电动机。

单相串励电动机主要用于要求转速高、体积小、重量轻、起动转矩大和对调速性能要求高的小功率电气设备中。例如电动工具、家用电器、小型机床、化工、医疗器械等。

单相串励电动机常和电动工具等制成一体，如电锤、电钻、电动扳手等。

9.2.2 单相串励电动机的基本结构

单相串励电动机的基本结构如图 9-15 所示。它主要由定子、电枢、换向器、电刷、刷架、机壳、轴承等几部分组成。其结构与一般小型直流电动机相似。

图 9-15　单相串励电动机的结构

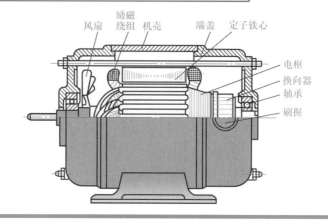

扫一扫看视频

单相串励电动机的定子由定子铁心和励磁绕组（原称激磁绕组）组成，如图 9-16 所示。定子铁心用 0.5mm 厚的硅钢片冲制的凸极形冲片叠压而成（见图 9-16a）。励磁绕组是用高强度漆包线绕制成的集中绕组（见图 9-16b）。电枢是单相串励电动机的转动部分，它由转轴、电枢铁心、电枢绕组和换向器等组成，如图 9-17 所示。

图 9-16　单相串励电动机的定子结构

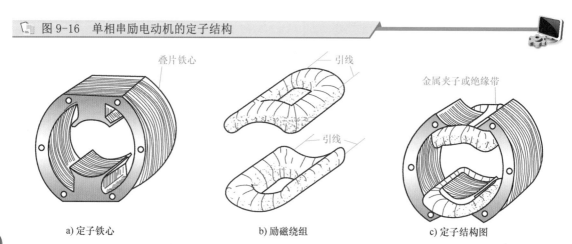

a) 定子铁心　　　　　　　　b) 励磁绕组　　　　　　　　c) 定子结构图

132

图 9-17　单相串励电动机的电枢

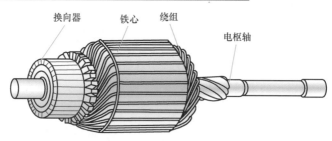

9.2.3　单相串励电动机的工作原理

单相串励电动机的工作原理如图 9-18 所示。由于其励磁绕组与电枢绕组是串联的，所以当接入交流电源时，励磁绕组和电枢绕组的电流随着电源电流的交变而同时改变方向。

图 9-18　单相串励电动机的工作原理

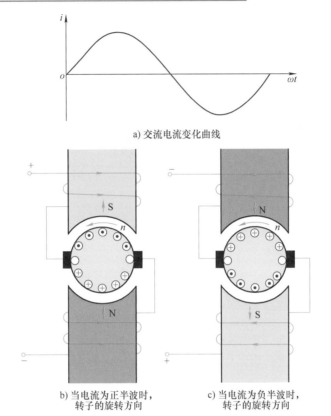

a) 交流电流变化曲线

扫一扫看视频

b) 当电流为正半波时，
转子的旋转方向

c) 当电流为负半波时，
转子的旋转方向

当电流为正半波时，流经励磁绕组的电流所产生的磁场与电枢绕组中的电流相互作用，使电枢导体受到电磁力，根据左手定则可以判定，电枢绕组所受电磁转矩为逆时针方向。因此，电枢逆时针方向旋转，如图 9-18b 所示。

当电流为负半波时，励磁绕组中的电流和电枢绕组中的电流同时改变方向，如图 9-18c 所示。同样应用左手定则，可以判断出电动机电枢的旋转方向仍为逆时针方向。显然当电源极性周期性地变化时，电枢总是朝一个方向旋转，所以单相串励电动机可以在交、直流两种电源上使用。

在实际应用中，如果需要改变单相串励电动机的转向，只需将励磁绕组（或电枢绕组）的首尾端调换一下即可。

9.3　直流电动机和单相串励电动机的电枢绕组

9.3.1　电枢绕组的名词术语

电枢绕组的常用名词术语主要如下：

1）元件：指两端分别与两个换向片连接的单匝或多匝线圈。

2）元件边：元件在槽内的放置，如图 9-19 所示。每一个元件有两个放在槽中能切割磁力线、感应电动势的有效边，称为元件边。每个元件的两个元件边嵌在电枢的不同槽内，放在槽下层的有效边称为下层元件边，画绕组展开图时，用虚线表示；放在槽上层的有效边称为上层元件边，画绕组展开图时用实线表示。

图 9-19　电枢绕组元件在槽内的放置

扫一扫看视频

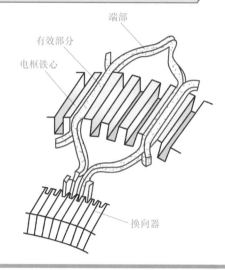

3）实槽与虚槽：为了改善电动机的性能，往往希望用较多的元件来组成电枢绕组。但是，由于工艺等原因，电枢铁心有时不便开太多的槽，故只能在每个槽的上、下层各放置若干个元件边，如图 9-20 所示。这时，为了确切说明每一个元件所处的具体位置，引入了"虚槽"的概念。设槽内每层有 u 各元件边，则把每一个实际的槽看作包含 u 个"虚槽"，每个虚槽的上、下各有一个元件边。在一般情况下，实际的槽数 Z 与虚槽数 Z_u 的关系如下：

$$Z_u = uZ$$

图 9-20　实槽与虚槽

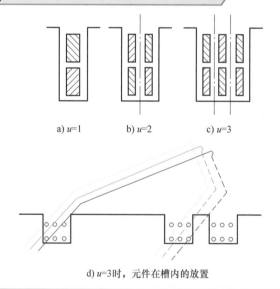

a) $u=1$　　　b) $u=2$　　　c) $u=3$

d) $u=3$ 时，元件在槽内的放置

在说明元件的空间安排情况时，就一律以虚槽来编号，用虚槽数作为计算单位。

因为每一个元件有两个元件边，而每个虚槽的上、下层各有一个元件边，显然元件数 S 和虚槽数 Z_u 相等。因为每个元件的头尾分别接到不同的两个换向片上，而每一个换向片都同时接有一个元件的上层元件边和另一个元件的下层元件边，所以元件数 S 一定与换向片数 K 相等，即

$$S = K = Z_u$$

4）极距：每个磁极在电枢铁心的外圆上所占的范围称为极距，用 τ 表示。极距可以用虚槽数或对应的圆弧长度度量，即

$$\tau = \frac{Z_u}{2p} \text{ 或 } \tau = \frac{\pi D_a}{2p}$$

式中　Z_u——电枢的虚槽数；

　　　D_a——电枢铁心外径；

　　　p——电动机的极对数。

5）第一节距：元件的两条有效边在电枢表面上所跨的距离称为第一节距，用 y_1 表示。第一节距的大小通常用所跨的虚槽数计算，如图 9-21 和图 9-22 所示。因为元件边放置在槽内，所以 y_1 一定要为整数，否则无法嵌线。为了得到较大的感应电动势，y_1 最好等于或者接近于一个极距 τ，即

$$y_1 = \frac{Z_u}{2p} \pm \varepsilon$$

式中　ε——为使 y_1 凑成整数的一个小数。

当 $y_1 = Z_u/2p$ 时，第一节距 y_1 恰好等于极距 τ，称为整距绕组；当 $y_1 < Z_u/(2p)$ 时，称为短距绕组；当 $y_1 > Z_u/2p$ 时，称为长距绕组。短距绕组端接线较短，故应用较广。

📄 图 9-21　单叠绕组

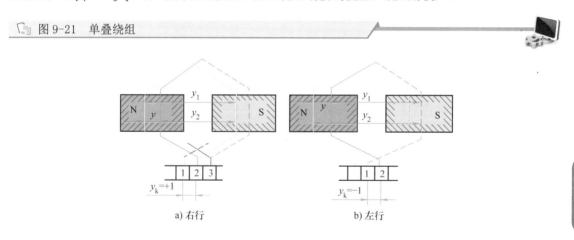

a) 右行　　　　　　　　　　　　　b) 左行

📄 图 9-22　单波绕组

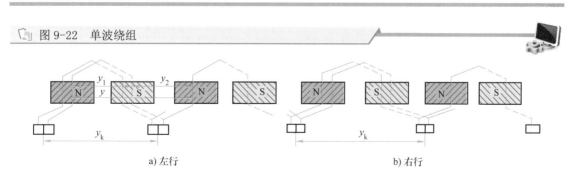

a) 左行　　　　　　　　　　　　　b) 右行

6）第二节距：利用同一个换向片串联起来的两个元件中，第一个元件的下层元件边与第二个

元件的上层元件边之间在电枢表面上所跨的距离，称为第二节距，用 y_2 表示。第二节距也用虚槽数计算。

7）合成节距：相串联的两个元件的对应边在电枢表面所跨的距离，称为合成节距，用 y 表示。合成节距也用虚槽数计算。各种类型的电枢绕组之间的差别，主要表现在合成节距上。

8）换向器节距：同一个元件的两个出线端所接的两个换向片之间在换向器表面所跨的距离，称为换向器节距，用 y_K 表示。换向器节距的大小用换向片数计算。

由于元件数等于换向片数，每连接一个元件时，元件边在电枢表面前进的距离，应当等于其出线端在换向器表面所前进的距离，所以换向器节距应当等于合成节距，即

$$y_K = y$$

9.3.2 直流电动机电枢绕组展开图

1 单叠绕组

单叠绕组的连接规律是，所有的相邻元件依次串联，即后一个元件的首端与前一个元件的尾端相连。同时每个元件的两个出线端依次连接到相邻的换向片上，最后形成一个闭合回路。所以单叠绕组的合成节距等于一个虚槽，换向节距等于一个换向片，即 $y = y_K = \pm 1$。单叠绕组的展开图如图 9-23 所示。

图 9-23 单叠绕组展开图

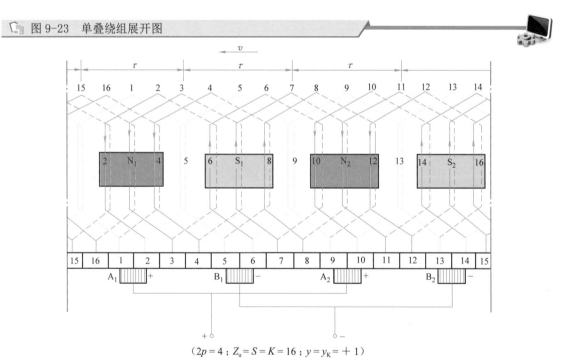

$$(2p = 4；Z_u = S = K = 16；y = y_K = +1)$$

2 单波绕组

单波绕组的连接规律是，从某一换向片出发，把相隔约为一对极距的同极性磁极下对应位置的所有元件串联起来，直到沿电枢和换向器绕过一周后，恰好回到出发换向片的相邻一片上；然后再从此换向片出发，继续再绕第二周、第三周……一直把全部元件连完，最后回到最初出发的换向片，构成一个闭合回路为止。单波绕组的展开图如图 9-24 所示。

图 9-24　单波绕组展开图

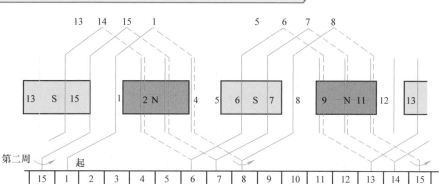

a) 部分展开图

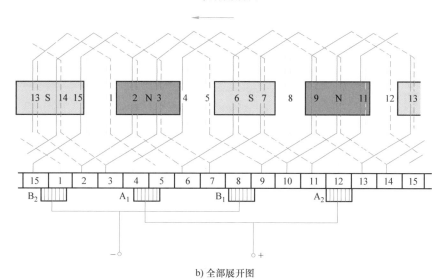

b) 全部展开图

$$\left(2p = 4 \ ; \ Z_u = S = K = 15 \ ; \ y = y_K = \frac{K-1}{p}\right)$$

9.3.3　单相串励电动机电枢绕组展开图

1　JIZ 系列电钻电枢绕组展开图

（1）JIZ-6 型电动机

1）电压等级 U——36V、110V、220V；

2）每槽的虚槽数 u——3。

3）每槽引线根数——3 根。

4）绕组连接形式——右行。

5）引线对换向器的位置——每槽的第一根引线逆旋转方向移动 1 片换向片（以槽中心线相对的换向片或换向片间的云母槽为准）。

6）绕组节距 y_1——4 槽。

7）采用对绕式，缠绕顺序——1～5、5～9、9～4、4～8、8～3、3～7、7～2、2～6、6～1，绕组展开图如 9-25 所示。

图 9-25　JIZ-6 型电动机电枢绕组展开图

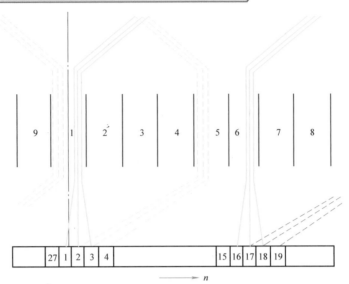

（2）JIZ-10 型电动机

1）电压等级 U——110、220V。

2）每槽的虚槽数 u——3。

3）每槽引线根数——3 根。

4）绕组连接形式——右行。

5）引线对换向器的位置——每槽的第一根引线逆旋转方向移动 1 片换向片。

6）绕组节距 y_1——5 槽。

7）采用对绕式，缠绕顺序——7～12、1～6、6～11、12～5、5～10、11～4、4～9、10～3、3～8、9～2、2～7、8～1，绕组展开图如 9-26 所示。

图 9-26　JIZ-10 型电动机电枢绕组展开图

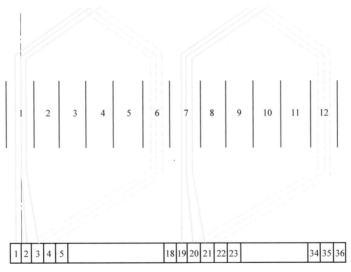

2 G型串励电动机电枢绕组展开图

G120/40型电动机:

1)每槽的虚槽数 u——2。

2)每槽引线根数——2根。

3)绕组连接形式——左行。

4)引线对换向器的位置——每槽的第一根引线顺旋转方向移动3片换向片。

5)绕组节距 y_1——9槽。

6)采用对绕式,缠绕顺序——逆时针方向,1~10、10~19、19~9、9~18、18~8、8~17、17~7、7~16、16~6、6~15、15~5、5~14、14~4、4~13、13~3、3~12、12~2、2~11、11~1,绕组展开图如9-27所示。

图 9-27 G120/40型电动机电枢绕组展开图

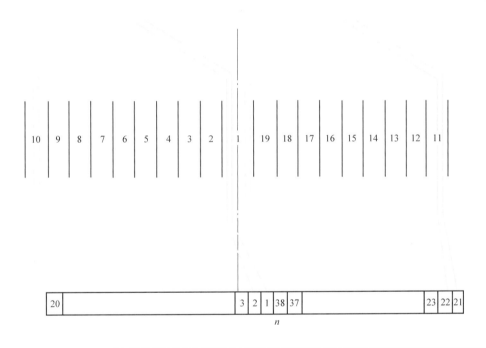

9.4 绕组的重绕

9.4.1 定子中绕组的重绕

直流电动机定子上面有励磁绕组、换向绕组、补偿绕组。

小型直流电动机无补偿绕组,主磁极和换向极可单独拆除。

大中型直流电动机有补偿绕组,由于补偿绕组的有效边分别在两个主磁极铁心的极靴槽内,换向绕组在补偿绕组内,所以要制作工装,将主磁极、换向极铁心一起从机座内取出。再拆除损坏的励磁绕组或换向绕组。补偿绕组可不拆除磁极进行更换。

这些绕组重绕的方法步骤如下:

1 拆除绕组

1）拆除磁极前，要记录主磁极和换向极铁心的内径尺寸，并记录每个绕组的接线方式。

2）拆除磁极后要保留好各个磁极与机座间的垫片。

3）各绕组在拆除前要测绘、记录，绕组的外形尺寸（补偿绕组的端部尺寸）。励磁绕组和换向绕组都是集中式绕组，绕组与磁极铁心间都有绝缘垫层，比较容易拆除，但要注意保留绕组外形。

4）绕组拆除后，需记录绕组的线规、匝数。

2 制作胎板（绕线模）

1）励磁绕组和换向绕组的胎板及夹板。胎板为长方体形状，胎板的长度和宽度方向要比铁心略大（预留绝缘缝隙），高度接近原绕组高度即可。夹板的尺寸略大于绕组的外形即可。夹板与胎板配打安装孔，可将夹板、胎板一并安装在绕线机上。

2）补偿绕组的胎板，类似于同心式绕组的胎板，但需注意端部尺寸要合适。

3 绕制线圈

1）将胎板放置于两个夹板间，胎板和夹板要先包裹一层聚四氟乙烯薄膜（方便脱模），固定于绕线机上。

2）按原线规和匝数重绕线圈。在绕制过程中，涂刷绝缘漆（方便绕组成型、脱模）。

3）注意绕制过程中，导线的排布要整齐。注意线圈最终的外形尺寸。

4 烘干

绕线绕制好后，连同胎板夹板一起进烘干炉加热固化。也可使用电焊机对线圈进行加热固化，但要注意电流不宜过大。待绕组固化成型后将夹板拆除，轻轻将胎板从绕组内敲打出来。

5 绕组安装

将绕组的里外出线放置于适当位置，外表包一层涤纶带。磁极上包裹数层绝缘纸，将绕组安装与磁极上。绕组与磁极之间的缝隙使用毛毡添堵，使绕组牢固的固定在磁极上。将各磁极与机座间的垫片放置于相应的磁极上，将磁极安装到位。测量各磁极的内径尺寸（与原纪录数据相同）。按照原有的接线方式将各绕组连接。

9.4.2 电枢绕组的拆除

直流电动机和单相串励电动机电枢绕组重绕的步骤为：①记录数据；②拆除旧绕组；③绕制新绕组；④线头焊接；⑤端部绑扎；⑥检查试验及浸漆烘干。其中记录数据、检查、试验及浸漆烘干等具体方法可以参考其他电动机。

拆除电枢绕组的方法如下：

1）将转子（电枢）放置于专用支架上，使转子能够旋转，方便拆除绕组。

2）使用锯条、角磨机等工具，将转子外表的无纬带去除。使用专用工具将槽楔剔除。

3）用电烙铁加热绕组与换向器焊接处，在焊锡软化后将上层线圈与升高片分离。将上层线圈从转子槽内拉出。

4）依次起出上层线圈，至一个节距。此时，要做好绕组记录，包括绕组节距以及绕组上下层在换向器上的相对位置。

5）依次起出剩余线圈。保留 1 ~ 2 个外形完好的线圈。清除转子槽内残留的绝缘。清理升高片内多余的焊锡、杂物。

6）大中型直流电动机的电枢使用氩弧焊焊接。可使用角磨机切割片将焊接部位切开，也可以使用车床将焊接部位车削掉。

7）因为单相串励电动机的转速较高，所以绝缘漆浸渍次数较多，经烘干后，非常坚固。拆除这种电动机的旧绕组，通常采用以下两种软化绝缘漆的方法：

① 溶剂溶解法。在绝缘漆尚未老化的情况下，把电枢浸入溶剂内，待绝缘漆软化后，即可取出拆线。在浸泡时，注意切勿将换向器浸入溶剂内，以免使换向器受到损坏。也可把电枢立放在有盖的铁箱中，用毛刷将溶剂刷在绕组的两边端部和槽口上，然后加盖，待绝缘漆软化后，即可取出拆线。

② 电加热法。先用一根裸铜线把换向器全部捆扎起来，这样电枢绕组的每一个元件都全部被短路了。然后把电枢放到一个开口变压器上。给变压器通以交流电，这时变压器线圈相当于一次绕组，电枢绕组相当于变压器的二次绕组，因此在电枢绕组中将感应出一个感应电动势，由于电枢每一个元件都是短路的，所以会在电枢绕组中产生很大的短路电流，电枢绕组将很快发热，使绝缘漆软化。然后趁热将电枢绕组拆除。

8）清除电枢槽中附着的绝缘物，清除换向片间及焊接面的焊锡及杂物。

9）绕组拆除及清理完毕后，应在换向器上，用 220V 校验灯（或用兆欧表）检查片间是否存在短路，换向器是否接地。

9.4.3 直流电动机电枢绕组的重绕

1 绕制线圈

（1）落料

1）线规及线的绝缘厚度应与原绕组保持一致。

2）落料的长度要比原绕组长 4 ~ 5cm。

（2）成型

1）将导体使用涤纶带绑扎成一整体线棒（注意导体的排布顺序）。

2）使用专用工装将把棒从中间位置折弯 180°，形成鼻尖，并在鼻尖处垫匝间绝缘。

3）在拉型机上，将线圈拉制成型。

（3）刮头（搪锡）

将接线端导体绝缘去除，去除长度约为 50mm。将裸露导体搪锡（沾锡），以方便焊接。

2 放置槽绝缘

放置槽绝缘、槽底垫条与支架绝缘，如图 9-28 所示。槽绝缘的主要作用为保护、固定线棒。支架缠绕厚度外径要小于铁心槽底。

3 嵌线

先将线圈的下层边嵌入电枢槽内，下层边的接线嵌入正确的升高片内。依次嵌入，待嵌至一个槽节距时，将上下层边一起嵌入铁心槽内。剪去多余的槽绝缘（槽绝缘的高出铁心外圆的高度为略小于槽宽），将两侧的槽绝缘交叠覆盖线圈，打入槽楔。注意此时上层边的接线不嵌入升高片内。将所有线圈镶嵌完毕后，做片间耐压试验。注意在接线部位每隔一根导线，要在导线外套一层绝缘管（匝间绝缘）。

📷 图 9-28　放置槽绝缘

4　并头

将上层引出线并入相应的升高片内。将绕组两端端部使用绑扎带包扎，将端部敲打整形。将长出升高片的导线切除，使导线与升高片平齐。

5　焊接

将转子倾斜放置于旋转支架上，换向器侧略低，防止焊锡流入绕组内部造成短路。使用电烙铁加热焊接升高片与导线。注意烙铁头的形状要厚、平，以便于导热。

6　打无纬带

无纬带的包扎类同与异步电动机转子，区别在于部分电枢铁心外圆也要打 2 ~ 4 层无纬带。

7　浸漆、烘干、动平衡

浸漆、烘干、动平衡的方法步骤可参考本书有关章节。

9.4.4　单相串励电动机电枢绕组的重绕

1　放置槽绝缘

槽绝缘采用复合聚酯薄膜青壳纸或一层黄蜡布垫加一层青壳纸，使绝缘纸高出槽口约 8mm，两端伸出槽外约 3mm，绕组端部包围的转轴周面上包数层黄蜡绸。因为采用手绕法，故槽绝缘纸应边嵌边放，以便于绕嵌。

2　电枢绕组绕制方法与注意事项

电枢绕组的绕线方法，除制造厂外，一般采用手绕法，缠绕时左手握住电枢铁心，右手拇指与食指捏住导线，如图 9-29 所示。

采用手绕方法绕制电枢绕组时，应注意以下几点：

1）先将导线的起端留出一段缠在轴上，然后根据记录的绕线方向（先垫好槽绝缘），选择任意一个槽为 1 号槽，按照记录的绕组节距，绕以所需的匝数，然后将引线扭一个线结。为了使绕组绕制得紧密，在绕线时，右手应将导线拉直并适当用力。

2）如果该电动机是一个实槽为三个虚槽，即 $u=3$，则应再继续按原槽和绕向缠绕第二个线圈元件，绕完后再扭一个线结。接着再继续按原槽和绕向缠绕第三个线圈元件，绕完后再扭一个线结。然后开始第二槽的三个元件的绕制，并依次进行。

图 9-29 手绕方法

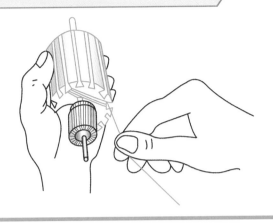

3）全部元件绕制完后，将最后一个元件的尾和 1 号槽第一个元件的头扭在一起。

4）在绕制过程中，如果每个槽有多个线结，则应分别做好记号，不然在将引线与换向器焊接时，就容易出现绕组反接的情况。

3 电枢绕组与换向片的焊接

（1）电枢绕组引线与换向片焊接的位置

绕组引出线与换向片的正确焊接是修理电枢绕组难度较大的工作。搞清绕组、换向片、电刷及磁场之间的相互关系，找出其规律性，是正确焊接的基础。其中重要的一点是被电刷短路的线圈的两个边要处于磁场中性线附近。但是，电动机工作时，由于电枢反应的作用，磁场中性线不再与几何中性线重合，而是反向偏移一个小的角度，所以对大多数刷握固定的电枢绕组，就不能把线头直接焊在与线槽对准的换向片上，而要沿旋转方向移出 1～2 片换向片。也有少数电动机把线头焊在与线槽对正的换向片上，这是由于设计时已进行了考虑或者刷握可以移动。

焊接线头与换向片用溶解于酒精中的松香作为焊剂，焊好后测量绝缘电阻及片间电阻，然后进行浸漆与烘干。试机时如有火花，将各抽头向左或向右移过一片换向片便可消除。

（2）焊接工艺

引线处理完毕后，应检查各线圈是否有短路、断路等故障。然后在线圈端部与换向器之间的空间用玻璃丝带或其他绝缘材料填满，外包一个玻璃丝漆布带的锥形套，以便使引线与绕组的端部隔开，将每根引线套以适当长度的绝缘管（注意绕线时所做的记号，可用不同颜色的套管加以区别），并将焊接处的引线的绝缘漆刮除干净，以便焊接。

引线的绝缘漆刮除干净后，先将引线搪上一层锡，同时在换向器的线槽内涂上焊剂（一般不用酸性焊剂），然后用划线板将引线压入换向器的接线槽内，将电烙铁头尖端放置在换向器上，如图 9-30 所示，待换向器上焊接处全部发热，焊剂起泡表示热度已够，将焊锡及电烙铁移去。在电烙铁移去之前，务必使焊锡流入换向器的接线槽内，让焊锡完全流满引线周围。

焊接时，应把换向器端放置得低一些，以防止焊锡流入线圈内部，全部焊接完后，用刀割去接线槽外伸出的多余的线头，最后将换向器片间的焊锡清除干净。

4 电枢绕组端部的绑扎

为了防止换向片上焊接的线头在高速运转时受离心力作用而松开，需在绕组端部用蜡线进行绑扎。先将厚 0.2mm 的玻璃丝漆布或黄蜡绸剪成扇形包封片，用其将端部线头包好并用蜡线临时扎住。绑扎工艺如图 9-31 所示。起端线头留出约 150mm 并垂直反折于铁心侧，从靠近换向器处扎

143

起，绑一圈压住反折的线头继续绑扎，约绕到总圈数的 1/3 时，将反折的线头折回换向器，回折圈在铁心上，如图 9-31a 所示。压住折回的线头继续绑扎，一直扎满到紧靠铁心时，留出 60mm 左右的剪断线尾，并将线尾穿过线头的回折圈，如图 9-31b 所示。然后用力拉线头，当回折圈套紧线尾时，将线尾剪去 40mm，再拉线头，把线尾拉入扎线下面，多余的剪去，绑扎完成。

图 9-30　引线的焊接

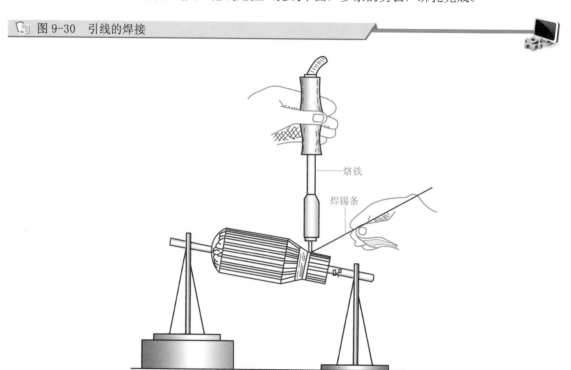

焊铁

焊锡条

图 9-31　电枢端部绑扎工艺示意图

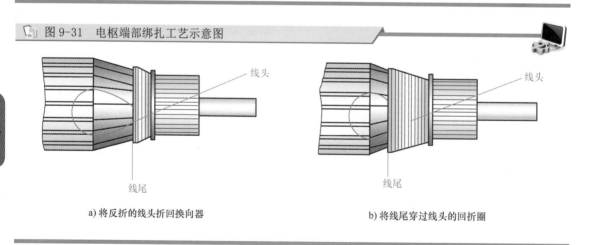

线头

线头

线尾

线尾

a) 将反折的线头折回换向器　　　　　　　　　　b) 将线尾穿过线头的回折圈

5　检查试验

单相串励电动机检查接地、短路的方法与其他电动机相同。检查绕组焊接质量和绕组与换向片是否接错，可用万用表电阻档依次在相邻两片换向片上测量线圈的电阻。如两片间电阻值大致相等，则为正常；如某两片间电阻值增大很多，说明存在错接或焊接不良。这时其中一支表笔固定不动，将另一支表笔继续后移一片或两片换向片测量。若电阻值与前面测量的大多数线圈电阻值大致相等，则表示后一根线头与前相邻换向片的线头反接，可改换位置再测。

6 绝缘处理

单相串励电动机绝缘处理与异步电动机和直流电动机相似，浸烘两次以上。滴浸采用聚酯漆或环氧无溶剂漆，沉浸则采用环氧聚酯酚醛漆。

9.4.5 绕组的试验项目

1 励磁绕组

（1）直流电阻

测量每个励磁绕组的直流电阻及励磁绕组连接好后的总直流电阻。

（2）分压试验

励磁绕组连接好后，给励磁绕组通 220V 交流电，测量每个磁极绕组的端电压，每个磁极绕组的端电压应相同。

（3）极性试验

励磁绕组连接好后，通直流电（电流小于励磁额定电流），使用磁铁检查每个磁极，相邻主磁极的极性按 N、S 极交替出现。

（4）耐压试压

试验电压为 2 倍额定电压 +1000V，最低为 1500V。

2 补偿绕组、换向绕组

（1）极性试验

由于补偿绕组、换向绕组的匝数较少，导体绕制方向明显，通过右手法则就还可以判定极性是否正确。相邻磁极的极性也是按 N、S 极交替出现。

（2）耐压试压

试验电压为 2 倍额定电压 +1000V，最低为 1500V。

3 电枢绕组

（1）片间直流电阻

在电枢绕组与换向器焊接好后，在换向器上测量相邻两片间的直流电阻。

$$\frac{最大值-最小值}{平均值} \leqslant 3\%$$

（2）片间耐压试验

1）换向器的片间耐压试验：相邻片间电压为 220V。

2）电枢绕组下层线并入换向器，上层未并入换向器时，相邻片间电压为 220V。

（3）电枢绕组匝间冲击耐压试验（见表 9-1）

表 9-1 电枢绕组匝间冲击耐压试验电压

额定电压	片数	试验电压
660V 及 660V 以下	5～7	不小于 350V
660V 以上	5～7	不小于 500V

4 直流电动机耐压试验标准（见表 9-2）

表 9-2　直流电动机耐压试验标准

绕组部位	励磁绕组	电枢绕组	换向补偿绕组	换向器
电压值	$2U_n+1000V$	$2U_n+1000V$	$2U_n+1000V$	$2U_n+2000V$

9.5 直流电动机和单相串励电动机的使用与维护

1 使用前的准备及检查

1）清扫电动机内部及换向器表面的灰尘、电刷粉末及污物等。

2）检查电动机的绝缘电阻，对于额定电压为500V以下的电动机，若绝缘电阻低于0.5MΩ时，需进行烘干后方能使用。

3）检查换向器表面是否光洁，如发现有机械损伤、火花灼痕或换向片间云母凸出等，应对换向器进行保养。

4）检查电刷边缘是否碎裂、刷辫是否完整，有无断裂或断股情况，电刷是否磨损到最短长度。

5）检查电刷在刷握内有无卡涩或摆动情况、弹簧压力是否合适，各电刷的压力是否均匀。

6）检查各部件的螺钉是否紧固。

7）检查各操作机构是否灵活，位置是否正确。

2 电动机运行中的维护

1）注意电动机声音是否正常，定、转子之间是否有摩擦。检查轴承或轴瓦有无异声。

2）经常测量电动机的电流和电压，注意不要过载。

3）检查各部分的温度是否正常，并注意检查主电路的连接点、换向器、电刷刷辫、刷握及绝缘体有无过热、变色和绝缘枯焦等不正常情况。

4）检查换向器表面的氧化膜颜色是否正常，电刷与换向器间有无火花，换向器表面有无碳粉和油垢积聚，刷架和刷握上是否有积灰。

5）检查各部分的振动情况。

6）检查电动机通风散热情况是否正常，通风道有无堵塞不畅情况。

9.6 电枢绕组的检修

9.6.1 电枢绕组接地的检修

直流电动机电枢绕组接地故障有两种：绕组接地和换向器接地，可用校验灯法或逐步分割法检查。

校验灯法如图9-32所示。用220V交流电源串入校验灯后，一端接电枢转轴，另一端依次接触各换向片。如果校验灯亮，说明电枢有接地点，灯亮度最人时，对应的换向片或该换向片所接的绕组中就有接地存在。然后将线圈接头从换向片上焊下，分别检查，就能确定接地故障是在换向片上还是在绕组上。

图 9-32　用校验灯法检查电枢绕组接地

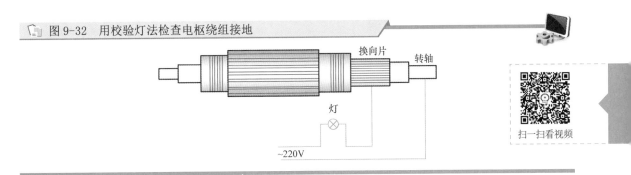

扫一扫看视频

如果用校验灯法不能发现准确的接地点，可使用逐步分割法进行判断。具体方法如图 9-33 所示。检查时先把换向器上相隔 180° 位置的两个换向片上的绕组引线拆下，把电枢绕组分割为互不相通的两部分。然后用 500V 绝缘电阻表判定接地点在哪一部分内，把有接地故障的那一部分绕组分为两半，用绝缘电阻表进一步判断……这样逐步缩小范围，直到查出接地点。

图 9-33　用逐步分割法确定接地点

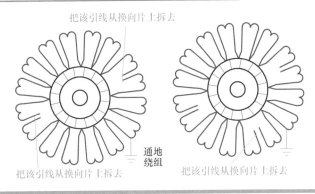

绕组接地常发生在槽口、槽底以及绕组引出线与换向片连接处。大多数是由于槽绝缘破裂或铁心叠片在某处戳入绕组造成的。若接地点明显可见，则在接地点垫上新的绝缘或调整造成接地的铁心叠片位置，再重新垫上绝缘即可；若看不见接地点，就得重绕线圈，或采取应急措施，即将接地线圈的引线从换向片上拆下包扎好，将原来接该线圈的两个换向片短接，如图 9-34 所示，这样处理，要适当降低电动机的额定功率。

图 9-34　一个线圈有故障时的修理方法

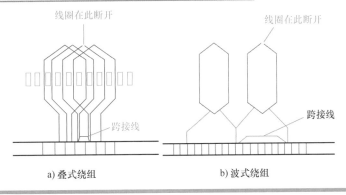

如果换向器接地，且有明显的接地点时，就需刮掉接地物，然后填充绝缘；若无明显的接地点，则应重新更换。

9.6.2 电枢绕组短路的检修

　　直流电动机电枢绕组短路包括：元件内部匝间短路、元件之间短路、元件错接（错焊）短路、换向片间短路等。这些故障的共同特征是短路元件的匝数减少或为零，这一特征可用来判断短路的绕组元件。由于短路烧坏电枢绕组时，通过观察即能找出故障点，否则可用短路侦察器或电压降法查出故障点。

　　用电压降法检查电枢绕组短路故障如图 9-35 所示。电源加在相对两换向片间，用毫伏表依次测量换向片的电压，若毫伏表读数有规律，表示元件良好；若读数突然变小，说明这两个换向片间的元件有短路故障；若毫伏表读数为零，则是换向片短路。如果读数突然升高，可能是元件断路或元件端接线与换向片脱焊所致，故用电压降法也能检查电枢绕组断路故障。

　　🖹 图 9-35　用电压降法检查电枢绕组短路故障

扫一扫看视频

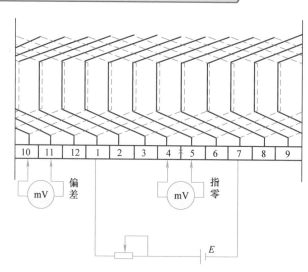

　　对于 4 极的波式绕组，因绕组经过串联的两个绕组元件后才回到相邻的换向片上，如果其中一个元件发生短路，那么表笔接触相邻的换向片，毫伏表所示的电压会下降，但无法辨别出两个元件中哪一个有故障。因此，还需把毫伏表跨接到相当于一个换向器节距的两个换向片上，才能查出有故障的元件。其检查方法如图 9-36 所示。

　　🖹 图 9-36　检查 4 极波式绕组的短路故障

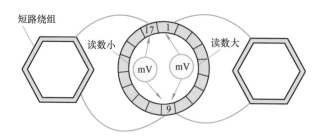

　　对于短路元件较多、绝缘烧焦变脆的情况，必须重绕。若短路元件仅一两个，也可采取将短路元件从电枢中切除的应急措施，如图 9-34 所示。

9.6.3 电枢绕组断路的检修

直流电动机电枢绕组断路（又称开路）故障，主要表现为电枢绕组与换向片间开焊、虚焊及绕组元件断线等。断路故障的检查方法和短路故障检查方法一样，如图 9-35 所示。

查出断路元件后，应进一步确定断路原因，再进行相应处理。如果是接线松脱或脱焊，可重新焊接；若是元件内部断线，则一般需对绕组进行重绕。当必须马上恢复运行时，可采取将断路元件从电枢中切除的应急措施，如图 9-34 所示。

9.7 换向器和电刷的检修

1 换向片间短路的检修

换向片间沟槽中因有金属屑、电刷粉或其他导电物质，而导致换向片间短路时，必须除掉这些导电物质，然后用云母粉加黏合剂填入，沟深可参考表 9-3。如果是换向片间绝缘被击穿造成短路，就必须拆开换向器，更换绝缘。

表 9-3　换向器云母片下刻深度

换向器直径 /mm	云母片下刻深度 /mm
50 以下	0.5
50 ～ 150	0.8
150 ～ 300	1.2
> 300	1.5

2 换向器接地的检修

换向器如果有明显的接地点，就须刮掉接地物，然后填充绝缘。否则应拆开换向器，进行修理，或更换同规格的换向器。

3 换向器表面划痕的修理

换向器表面划痕包括表面有凹凸不平的深槽、火花灼痕、绝缘云母凸出等。修理方法如图 9-37 所示。用 00 号砂纸贴在木质支架上（木支架应与换向器外圆吻合），转动电枢进行修磨，待换向器表面较为光洁为止。若换向器表面伤痕严重，则应先用车床精车。精车前，应首先拧紧换向器压环螺栓，车光换向器外圆后，要下刻换向器片间云母片，下刻云母片的工具如图 9-38 所示。换向器上云母片下刻后的形状如图 9-39 所示。下刻深度见表 9-3。

图 9-37　换向片外圆的研磨

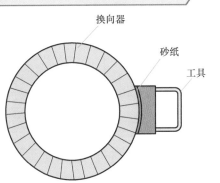

换向器

砂纸

工具

扫一扫看视频

图 9-38 下刻云母片的工具

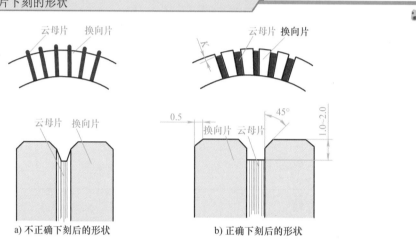

木材

锯条

图 9-39 云母片下刻的形状

云母片 换向片

云母片 换向片

云母片 换向片

换向片 云母片

0.5

45°

1.0～2.0

a) 不正确下刻后的形状

b) 正确下刻后的形状

4 研磨电刷的方法

如果电刷与换向器的接触面积少于 70% 时，就需要对电刷进行研磨。研磨电刷的方法如图 9-40 所示。

图 9-40 研磨电刷的方法

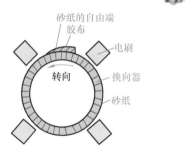
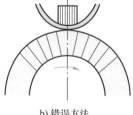

砂纸的自由端
胶布
电刷
转向
换向器
砂纸

a) 正确方法

b) 错误方法

c) 全部电刷同时研磨的方法

对单个电刷进行研磨时，把 00 号砂纸背靠换向器，砂面朝电刷，按图 9-40a 所示的方法来回抽动砂纸，砂纸应紧贴在换向器表面上。若全部电刷都需要研磨，可以采用图 9-40c 所示的方法。取砂纸长度等于换向器的周长，用胶布把砂纸条的一端贴牢在换向器表面上，砂纸条其余部分顺电动机旋转方向绕在换向器表面。慢慢转动电枢，便可使电刷与换向器逐渐磨合。

5 检修直流电动机刷架、电刷的注意事项

1）刷握下边缘与换向器表面的距离一般应在 3～5mm 范围内。

2）电刷压簧弹性应良好，若因受热疲劳，变形等造成弹性不足时，应更换新簧。

3）汇流排与磁场线圈等的连接应接触良好、位置正确，刷握固定螺钉齐全、紧固并锁住。

4）电刷的长度最短不能低于刷握 5mm，电刷在刷握内应能自由滑动，电刷与刷握的间隙为 0.1～0.2mm，电刷与换向器表面应接触良好，加在电刷上的压力应符合相关技术要求。

5）新电刷研磨后应保证电刷与换向器的接触面积达 75% 以上，禁止使用粗砂纸或金刚砂纸研磨电刷，避免砂粒嵌入电刷，擦伤换向器，在运行中产生火花。

6 检修直流电机换向器的注意事项

1）若换向器表面不平整，应进行车圆。车圆后的表面粗糙度为 $\overset{1.60}{\sqrt{}}$，不圆度不大于 0.06mm，车削换向器时不得使用润滑液。

2）研磨或车削后的换向器表面，若云母片有突出换向器外圆或平齐时，必须将云母片下刻 1～1.5mm，研刻云母片应使用专用研刻工具进行。研刻工具可自制（用钢锯条及夹紧装置），宽度不得超过云母片厚度。云母片研刻后，应将槽修成 U 形，换向器片的边缘应用刮刀修成 0.5mm×45° 倒角。刮研过程中用力要均匀，避免工具跳出槽外，划伤换向器表面，或撞击、损伤换向器根部。修刮结束后，去除换向器片边缘毛刺。工作结束后用压缩空气将换向器和电枢绕组吹干净。

3）无论研磨、车削换向器还是进行刻槽时，必须采取措施，防止铜屑侵入电枢绕组内部，造成绝缘性能降低、片间短路或绝缘损坏。

9.8 直流电动机和单相串励电动机的常见故障及排除方法

直流电动机和单相串励电动机的常见故障及排除方法见表 9-4。

表 9-4 直流电动机和单相串励电动机的常见故障及排除方法

常见故障	可能原因	排除方法
电路不通，电动机不能起动	1. 熔丝熔断 2. 电源断线或接头松脱 3. 电刷与换向器接触不良 4. 励磁绕组或电枢绕组断路 5. 开关损坏或接触不良	1. 更换同规格的熔丝 2. 将断线处重新焊接好，或紧固接头 3. 调整电刷压力或更换电刷 4. 查出断路处，接通断点或重绕 5. 修理开关触头或更换开关
电路通，但电动机空载时也不能起动	1. 电枢绕组或励磁绕组短路 2. 换向片之间严重短路 3. 电刷不在中性线位置 4. 轴承过紧，导致电枢被卡	1. 查出短路处，予以修复或重绕 2. 更换换向片之间的绝缘材料或更换换向器 3. 调整电刷位置 4. 更换轴承
电动机空载时能起动，但加负载后不能起动	1. 电源电压过低 2. 励磁绕组或电枢绕组受潮，有轻微的短路 3. 电刷不在中性线位置	1. 调整电源电压 2. 烘干绕组或重绕 3. 调整电刷，使之位于中性线位置
电刷冒火花	1. 电刷太短或弹簧压力不足 2. 电刷或换向器表面有污物 3. 电刷含杂质过多 4. 电刷端面与换向器表面不吻合 5. 换向器表面凹凸不平 6. 换向片之间的云母片突出	1. 更换电刷或调整弹簧压力 2 清除污物 3. 更换电刷 4. 用细砂纸修磨电刷端面 5. 修磨换向器表面 6. 用小刀片或锯条刻除突出的云母片

（续）

常见故障	可能原因	排除方法
电刷冒火花	7. 电枢绕组或励磁绕组短路 8. 电枢绕组或励磁绕组接地 9. 电刷不在中性线位置 10. 换向片间短路 11. 换向片或刷握接地 12. 电枢各单元绕组有接反的	7. 查出短路处，进行修复或重绕 8. 查出接地处，进行修复或重绕 9. 调整电刷位置 10. 重新进行绝缘处理 11. 加强绝缘或更换新品 12. 查出接错处，并且予以纠正
励磁绕组发热	1. 电动机负载过重 2. 励磁绕组受潮 3. 励磁绕组有少部分线圈短路	1. 适当减轻负载 2. 烘干励磁绕组 3. 重绕励磁绕组
电枢绕组发热	1. 电枢单元绕组有接反的 2. 电枢绕组有少数单元绕组短路 3. 电枢绕组中有少数单元绕组断路 4. 电动机负载过重 5. 电枢绕组受潮 6. 电枢铁心与定子铁心摩擦	1. 找出接反的单元绕组，并改接正确 2. 可去掉短路的单元绕组，不让它通电流，或重绕电枢绕组 3. 查出断路处，予以修复或重绕 4. 适当减轻负载 5. 烘干电枢绕组 6. 更换轴承或校直转轴
轴承过热	1. 电动机装配不当，使轴承受有外力 2. 轴承内无润滑油 3. 轴承的润滑油内有铁屑或其他脏物 4. 转轴弯曲使轴承受有外界应力 5. 传动带过紧	1. 重新进行装配，拧紧螺钉，合严止口 2. 适当加入润滑油 3. 用汽油清洗轴承，适当加入新润滑油 4. 校直转轴 5. 适当放松传动带
电动机转速太低	1. 电源电压过低 2. 电动机负载过重 3. 轴承过紧或轴承严重损坏 4. 轴承内有杂质 5. 电枢绕组短路 6. 换向片间短路 7. 电刷不在中性线位置	1. 调整电源电压 2. 适当减轻负载 3. 更换新轴承 4. 清洗轴承或更换轴承 5. 重绕电枢绕组 6. 重新进行绝缘处理或更换换向器 7. 调整电刷位置
电动机转速太高	1. 电动机负载过轻 2. 电源电压过高 3. 励磁绕组短路 4. 单元绕组与换向片的连接有误	1. 适当增加负载 2. 调整电源电压 3. 重绕励磁绕组 4. 查出故障所在，并予以改正
反向旋转时火花大	1. 电刷位置不对 2. 电刷分布不均匀 3. 单元绕组与换向片的焊接位置不对	1. 调整电刷位置 2. 调整电刷位置，使电刷均匀分布 3. 应将电刷移到不产生火花的位置，或重新焊接
电动机运行中产生剧烈振动或异常噪声	1. 电动机基础不平或固定不牢 2. 转轴弯曲，造成电动机电枢偏心 3. 电枢或带轮不平衡 4. 电枢上零件松动 5. 轴承严重磨损 6. 电枢铁心与定子铁心相互摩擦 7. 换向片凹凸不平 8. 换向片间云母突出 9. 电刷太硬 10. 电刷压力太大 11. 电刷尺寸不符合要求	1. 校正基础板，拧紧底脚螺钉，紧固电动机 2. 校正电动机转轴 3. 校平衡或更换新品 4. 紧固电枢上的零件 5. 更换轴承 6. 查明原因，予以排除 7. 修磨换向器 8. 用小刀或锯条剔除突出的云母片 9. 换用较软的电刷 10. 调整弹簧压力 11. 更换合适的电刷

（续）

常见故障	可能原因	排除方法
绝缘电阻降低	1. 电枢绕组或励磁绕组受潮 2. 绕组上灰尘、油污太多 3. 引出线绝缘层损坏 4. 电动机过热后，绝缘老化	1. 进行烘干处理 2. 清除灰尘、油污后，进行浸渍处理 3. 重新包扎引出线 4. 根据绝缘老化程度，分别予以修复或重新浸渍
机壳带电	1. 电源线接地 2. 刷握接地 3. 励磁绕组接地 4. 电枢绕组接地 5. 换向器接地	1. 修复或更换电源线 2. 加强绝缘或更换刷握 3. 查出接地点，重新加强绝缘和重绕励磁绕组 4. 查出接地点，重新加强绝缘，接地严重时，应重绕电枢绕组 5. 加强换向片与转轴之间的绝缘或更换新换向器

第10章 潜水电泵的使用与维修

10.1 潜水电泵的主要用途与特点

潜水电泵是由潜水电动机与潜水泵组装成的机组，或由潜水电动机轴身端直接装上泵部件组成的机泵合一的产品。常用潜水电泵的外形如图10-1所示，常用井用潜水电泵的外形如图10-2所示。

潜水电泵是潜入井下水中或江河、湖泊、海洋水中以及其他场合水中工作的，其广泛应用于从井下或江河、湖泊中取水、农业排灌、城镇供水、工矿企业给排水等。

潜水电泵具有体积小、重量轻、起动前不需引水、不受吸程限制、不需另设泵房、安装使用方便、性能可靠、效率较高、价格低廉、可节约投资等优点。

图 10-1　常用潜水电泵的外形

图 10-2　常用井用潜水电泵的外形

10.2　潜水电泵的分类

潜水电泵（潜水电动机）的种类繁多，其分类的方法也很多，常用的分类方法有以下几种：

1　按潜水电动机的供电电源分类

按照潜水电动机供电电源的不同，潜水电泵（潜水电动机）分为交流和直流两大类。目前大量生产和广泛使用的是交流潜水电泵（潜水电动机）。

交流潜水电泵（潜水电动机）又分为同步和异步两种。其中异步潜水电泵又分为三相和单相两种。永磁同步潜水电泵是正在发展的一种潜水电泵，有着良好的应用前景。

扫一扫看视频

由于交流异步潜水电泵是目前大量生产和广泛使用的潜水电泵，所以以下将交流异步潜水电泵简称为潜水电泵，将交流异步潜水电动机简称为潜水电动机。

2　按电压等级分类

按潜水电动机的供电电压等级可分为以下两种：

1）低压潜水电泵和低压潜水电动机。其潜水电动机的供电电压为 1000V 以下，如单相 220V；三相 380V、660V 等。

2）高压潜水电泵和高压潜水电动机。其潜水电动机的供电电压为 1000V 以上，如 3000V、6000V 或更高的电压。

3　按潜水电动机的内部结构分类

按潜水电动机内部的不同结构形式，可将潜水电泵和潜水电动机分为充水式、充油式、屏蔽式和干式四种基本的结构形式，如图 10-3 所示。

图 10-3　潜水电动机基本结构示意图

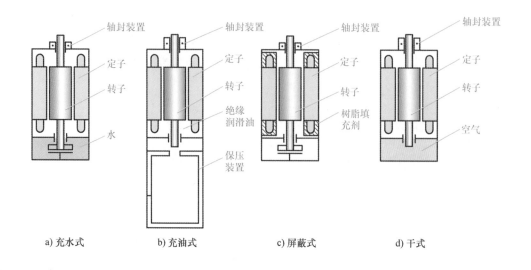

1）干式潜水电动机和干式潜水电泵。电动机采用干式结构，内腔充满空气，与陆用电动机相似，结构比较简单。轴伸端装有机械密封和橡胶密封，用以阻止水分和潮气进入电动机内腔。

2）充油式潜水电动机和充油式潜水电泵。电动机为充油密封结构，内腔充满绝缘润滑油。轴伸端装有机械密封，既能防止水分和潮气进入电动机内腔，又能阻止机内绝缘润滑油的外泄。有的电动机（如井用充油式潜水电动机）下部装有保压装置，能保持电动机内腔油压大于外部水压，从而更好地阻止外水进入电动机内部。

3）充水式潜水电动机和充水式潜水电泵。电动机一般采用充水密封结构，内腔充满洁净清水或防锈润滑液（防锈缓蚀剂），但有的电动机（如 QS 型）采用水流动循环结构，电动机端盖上装有过滤网，允许机内水和机外水通过过滤网进行交换，有利于电动机的散热。轴伸端装有橡胶油封或机械密封，防止水中的泥沙杂质进入潜水电动机内腔。有的充水式电动机（如井用潜水电动机）下部装有热膨胀调节装置，用以调节电动机内充水因发热产生的膨胀。

4）屏蔽式潜水电动机和屏蔽式潜水电泵。电动机采用屏蔽式结构，定子由非磁性不锈钢制作的薄壁屏蔽套、端环和机壳组成的密封室严密封闭，内填充固体填充物，阻止机内防锈液泄出和外部泥沙杂物进入。电动机下部一般装有热膨胀调节装置。

4　按泵与电动机的配置方式分类

（1）按泵与电动机在电泵上、下不同的相对位置分

1）上泵型潜水电泵。泵置于电动机的上方。整个潜水电泵由轴伸向上的立式电动机、进水节和安装连接件（或油室）等组成，如图 10-4a 所示。

2）下泵型潜水电泵。泵置于电动机的下方。整个潜水电泵由轴伸向下的立式电动机、进水节和安装连接件（或油室）等组成，如图 10-4b～d 所示。

（2）按电动机在潜水电泵中的装置位置分

1）外装式潜水电泵。下泵型潜水电泵，在电动机的外侧安装出水管作为水泵的出水流道，如图 10-4b 所示，液体直接从泵体接排水管排出，不流过电动机表面，当电动机露出水面运行时，它的冷却效果较差。

图 10-4 潜水电泵结构示意图

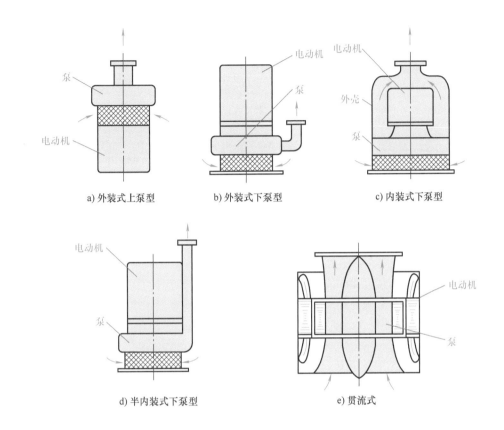

a) 外装式上泵型 b) 外装式下泵型 c) 内装式下泵型

d) 半内装式下泵型 e) 贯流式

2）内装式潜水电泵。下泵型潜水电泵，在电动机机座外面另有电泵外壳将其围绕起来（电动机的机座和潜水电泵的外壳也可作成一体，成环形结构），其上安装潜水电泵的出水罩（或出水节），如图 10-4c 所示。液体流经潜水电泵外壳与电动机机座之间的环形空间向上流动，直接冷却电动机机座表面，最后经出水罩流出。

3）半内装式潜水电泵。下泵型潜水电泵，泵出水管经过电动机机壳的部分与电动机机壳连成一体，如图 10-4d 所示。液体流经电动机机壳的部分表面向上流动，对电动机起一定的冷却作用。当电动机露出水面时，其散热条件优于无夹套的外装式潜水电泵。

4）贯流式潜水电泵。电动机位于潜水电泵的外部，泵叶轮装在电动机转子内部，两者成为一体，泵输送的水流流经电动机转子内壁冷却转子，如图 10-4e 所示。贯流式潜水电泵的电动机一般为充水式电动机，外径较大，高度较低，冷却条件较好。

5 按潜水电泵的用途分类

按潜水电泵的用途可将潜水电泵分为以下七类：

1）井用潜水电泵。由井用潜水电动机与井用潜水泵组成，潜入井下水中，用于抽吸地下水或向高处或远距离输水的潜水电泵。由于井用潜水电泵的外径尺寸受到它所安装的井的直径的限制，电动机和泵都很细长。

2）清水型潜水电泵。适用于浅水排灌，用于输送清水的潜水电泵。

3）污水污物型潜水电泵。适用于输送含有污物、固体颗粒等的污水的潜水电泵。

4）矿用隔爆型潜水电泵。适用于输送含有污物、煤粉、泥沙等固体颗粒的污水的潜水电泵。

5）轴流潜水电泵。适用于农田水利排灌、城市供水、下水道排水，特别适用于水位涨落很大的江、河、湖泊沿岸泵站的防洪抗涝。

6）矿、井用高压潜水电泵。主要适用于矿山排水和井中抽水，也可用于城市供水或江河取水。

7）大型潜水电泵。主要适用于江河、湖泊取水或城市供水，泵站给水、抗洪排涝。

10.3　井用潜水电动机的使用条件

GB/T2818—2014《井用潜水异步电动机》产品标准中对井用潜水电动机规定的使用条件如下：

1）电动机完全潜入水中，其潜入深度不大于70m。

2）水温不高于20℃。

3）水中固体物含量（质量比）不超过0.01%。

4）水的酸碱度pH值为6.5～8.5。

5）水中氯离子含量不超过400mg/L。

6）充水式电动机内腔必须充满清水或其他按制造厂规定配置的水溶液。

在上述规定的使用条件下，电动机的平均无故障运行时间一般在2500h以上。当使用条件较恶劣，水中固体物含量、水温或酸碱度等某项指标或多项指标超过规定时，井用潜水电动机的零部件会加速损坏，这时应采取相应的保护措施，以免电动机产生故障，缩短使用寿命。

10.4　井用潜水电动机的基本结构与主要特点

10.4.1　井用充水式潜水电动机的基本结构

扫一扫看视频

电动机为充水密封结构，如图10-5所示，内腔充满清水或防锈润滑液（防锈缓蚀剂）。各止口接合面用O形橡胶密封圈或密封胶密封。

图10-5a为电动机采用薄钢板卷焊机壳结构，轴伸端安装橡胶骨架油封或机械密封，适用于功率较小、铁心较短、机壳受力较小的井用潜水电动机。图10-5b为采用钢管机壳的电动机结构，整体刚性较好，适用于功率较大、铁心较长、机壳受力较大的井用潜水电动机。

充水式电动机的绕组、铁心和轴承均在水中工作，对绕组所使用的导线及其加工工艺、接头材料及包扎工艺，水润滑轴承的结构、材料及加工工艺，铁心与金属材料的防锈防腐蚀处理等有很高的要求。充水式电动机已具有足够的可靠性，是井用潜水异步电动机中产量最多、使用最广泛的一种。

10.4.2　井用充油式潜水电动机的基本结构

电动机为充油密封结构，如图10-6所示，内腔充满变压器油或其他种类的绝缘润滑油。各止口配合部位均装有耐油橡胶O形圈或涂密封胶密封。轴伸端装有一组单端面机械密封或双端面机械密封及甩沙环，用于防止井水或水中固体杂质进入电动机内腔，同时阻止电动机内所充注的绝缘润滑油泄漏到机外。

图 10-5 井用充水式潜水电动机结构

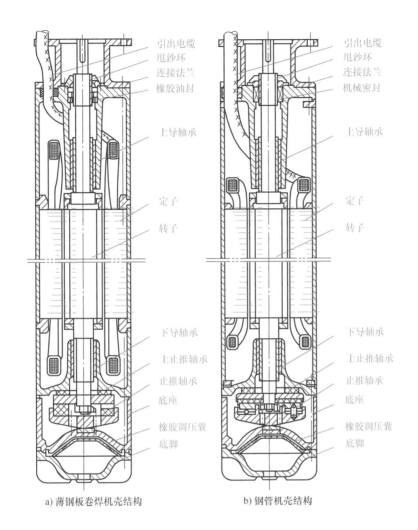

扫一扫看视频

a) 薄钢板卷焊机壳结构　　　b) 钢管机壳结构

充油式电动机的定子、转子和滚动轴承均在油中工作。电动机的定子绕组采用特殊的耐油绝缘结构，以保证充油式潜水电动机能在井下水中恶劣的环境中工作。电动机的下部装有保压装置，其主要作用是调节电动机内腔所充油液因温度变化或压力变化所造成的体积变化，并维持电动机内腔油压略大于外部水压。当电动机正常工作时，机内油液会向外微量泄漏，能阻止井水浸入充油式电动机内部，以免造成定子绕组绝缘性能下降，从而影响充油式电动机的运行可靠性。当电动机内腔所充油液因电动机长期运行正常泄漏或因机械密封故障等原因造成非正常泄漏导致电动机"贫油"时，信号装置就会向控制系统发出报警信号，并能断开电源，避免电动机受到进一步的损害。

10.4.3 井用干式潜水电动机的基本结构

井用干式潜水电动机为全干式结构，内腔充满空气，与普通陆用电动机相似。电动机的轴伸端采用双端面机械密封来阻止水分和潮气进入电动机内腔，以保证电动机的正常运行状态。

图 10-6　井用充油式潜水电动机的结构

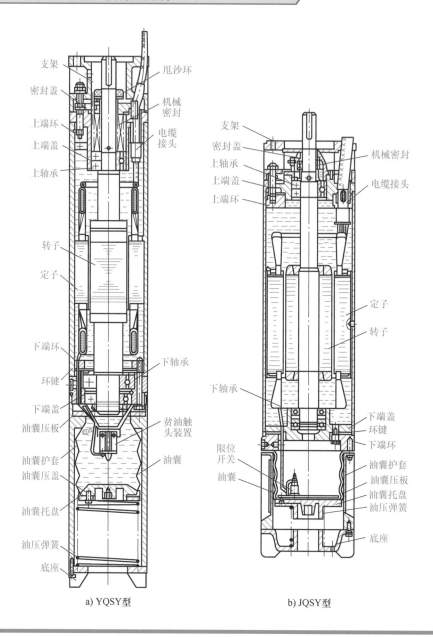

a) YQSY型　　　　　　　　　　b) JQSY型

　　有的干式潜水电动机轴伸向下，电动机下部带有一个气室。电动机潜入水中时，形成一气垫结构或空气密封结构，阻止井水进入电动机内部，从而使电动机得到双重保护，可靠性有所提高。

　　干式潜水电动机除定子绕组绝缘需加强防潮处理外，其内部结构及处理与普通陆用电动机相同。

10.4.4　井用潜水电动机定子绕组的绝缘结构

1　井用充水式潜水电动机定子绕组的耐水绝缘结构

　　井用充水式潜水电动机定子绕组一般采用 SQYN 型漆包铜导体聚乙烯绝缘尼龙护套耐水绕组线、SJYN 型绞合铜导体聚乙烯绝缘尼龙护套耐水绕组线、SV 型实心铜导体聚氯乙烯绝缘耐水绕组线、SJV 型绞合铜导体聚氯乙烯绝缘耐水绕组线、SYJN 型实心铜导体交联聚乙烯绝缘尼龙护套耐水绕组线、SJYJN 型绞合铜导体交联聚乙烯绝缘尼龙护套耐水绕组线或类似性能的其他型号耐水绝缘导线制成。耐水绝缘导线的结构如图 10-7 所示。

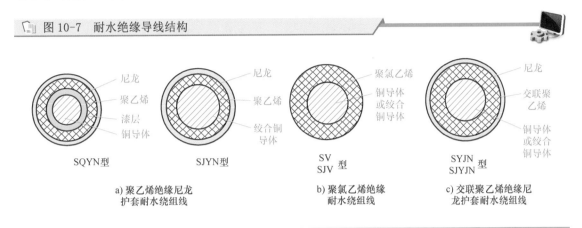

图 10-7 耐水绝缘导线结构

| 尼龙 聚乙烯 漆层 铜导体 | 尼龙 聚乙烯 绞合铜导体 | 聚氯乙烯 铜导体或绞合铜导体 | 尼龙 交联聚乙烯 铜导体或绞合铜导体 |

SQYN型　　　　　SJYN型　　　　　SV SJV 型　　　　　SYJN SJYJN 型

a) 聚乙烯绝缘尼龙　　b) 聚氯乙烯绝缘　　c) 交联聚乙烯绝缘尼
护套耐水绕组线　　　耐水绕组线　　　龙护套耐水绕组线

为了提高可靠性，减少定子绕组的连接头，简化定子绕组的制作工艺，充水式潜水电动机的定子绕组常采用整根耐水绝缘导线一相连续绕线来制造多组线圈或直接在定子铁心上一相线圈连续穿线的制作工艺。

井用充水式潜水电动机定子绕组的星形联结点、耐水绝缘导线与引出电缆的连接接头以及引出电缆与动力电缆的连接接头的密封工艺为：一般采用自黏性胶带作为主密封和主绝缘层，外加机械保护层。要求接头密封包扎紧密、密封可靠、耐水绝缘性能良好。

2　井用充油式潜水电动机定子绕组的耐油绝缘结构

井用充油式潜水电动机定子绕组一般采用加强绝缘的 QYS 型环氧改性聚酰胺酰亚胺和聚酯复合的耐油、水漆包线或耐油性较好的 QQ 型聚乙烯醇缩醛漆包线绕制，槽绝缘和相间绝缘用厚度为 0.25～0.30mm 的聚酯薄膜聚酯纤维复合箔（DMD 或 DMDM），也可加一层 0.05mm 的聚酯薄膜。采用耐油性较好的 1033 环氧酯漆或 1032 三聚氰胺醇酸漆，真空压力浸漆或沉浸。也可改用 831 环氧快干浸渍树脂或少溶剂无溶剂浸渍漆来提高定子绕组的耐潮性能，缩短浸渍和烘干时间，提高产品质量。

为了防止引出电缆外圆和芯线渗油，除用密封圈将电缆引出部位密封外，引出电缆与导线的内接头用环氧胶密封。引出电缆与动力电缆的接头也牢固连接，严格密封，以保证接头的绝缘电阻，提高运行可靠性。

3　井用干式潜水电动机定子绕组的耐水绝缘结构

井用干式潜水电动机的定子绕组采用环氧漆包线或聚酯漆包线绕制，槽绝缘和相间绝缘用聚酯薄膜聚酯纤维复合箔（DMD 或 DMDM），浸渍漆采用耐潮性良好的 1033 环氧酯漆，也可采用环氧快干浸渍树脂或少溶剂无溶剂浸渍漆来提高定子绕组的耐潮性能。

对于 F 级绝缘的电动机，其定子绕组采用聚酯亚胺漆包线或聚酰胺酰亚胺漆包线绕制，浸渍漆采用相应配套的 F 级聚酯浸渍漆或 F 级环氧浸渍树脂。

引出线与电缆接头的密封也很重要，一般采用环氧树脂浇注或用隔离接头来保证接头的密封性能和绝缘性能。

10.5 井用充水式潜水电动机的修理

10.5.1 井用充水式潜水电动机的拆卸与装配

1 拆卸前的要求

1) 熟悉潜水电动机的特点和维修要求、清洁电动机和维修现场。

2) 准备好拆装所需的一切工具与设备。测定电动机定子绕组的绝缘电阻和直流电阻。

3) 对发生故障的潜水电动机，分析产生故障的原因，初步确定需要检修的内容。

2 井用充水式潜水电动机的拆卸

拆卸潜水电动机时应仔细、小心，避免碰坏滑动轴承，特别要注意避免碰伤定子绕组的耐水绝缘导线。充水式潜水电动机的拆卸步骤如下：

1) 先拆除潜水电动机轴伸与套筒联轴器间的定位销，然后松开电动机与水泵的连接螺栓，将电动机轴伸与潜水泵分离。

2) 拧下电动机下部的放水螺钉，放净电动机内部的存水，如电动机内部所充的是防锈缓蚀剂或防锈润滑液，应加以保存，以确定是否需加以更换。

3) 拆下电动机的底脚，松开底座，小心取下底座和止推轴承。拆卸中不要用锤子猛烈敲击底座，以免损坏底座内安放的止推轴承。

4) 拆下止推圆盘，将止推圆盘和止推轴承妥善保存，以备检查修理后重新装配使用。

5) 拆下电动机上部的连接法兰。打开压盖，小心取出机械密封。如轴伸端安装的是橡胶骨架油封，可与上导轴承一同取下。

6) 卸下上导轴承，然后卸下下导轴承，同时抽出转子。注意不要碰擦定子绕组端部，以免定子绕组的耐水绝缘导线受到损伤。

3 井用充水式潜水电动机的装配

井用充水式潜水电动机的装配与拆卸过程相反，装配时应注意以下问题：

1) 应对各零、部件进行全面的检查和清洗，损坏的零件和部件应按要求进行修理和更换。所用零、部件全部合格才能进行装配。

2) 装配前各铸铁零部件或钢制零部件表面、转子外圆和定子内圆表面应重新进行防锈、防腐蚀处理。

3) 装配时各连接止口处应涂密封胶或按原机装配要求安装 O 形橡胶密封圈。

4) 橡胶骨架油封之间应装满润滑脂，电动机轴伸及与水泵配合表面应涂石蜡和凡士林的混合剂。

5) 装配时应将上止推轴承与止推圆盘间的间隙控制在 0.5～1.0mm，以限制电动机运行转子的上窜量。这可以通过控制上止推轴承与下导轴承座之间所加的垫片数量来达到。

6) 装配时，通过调节止推轴承下部的调节螺栓或止推轴承下部垫块与底座之间的垫片数量，来保证电动机轴伸端面与连接法兰端面齐平（允许误差为 ±0.5mm）。

7) 电动机下部的橡胶调压囊应完好无损。

8) 引出电缆穿过上导轴承处的橡胶垫圈密封应可靠、无渗漏。

装配过程中，应保持所有零件的清洁，绝不允许金属屑、沙粒以及其他杂质进入潜水电动机的内部，以免井用潜水电动机运行中发生下导轴承和止推轴承的过早磨损甚至损坏。

10.5.2 耐水绝缘导线线圈绕制与检验

1）定子线圈绕线与检验。按照所修理的充水式潜水电动机定子线圈的有关参数进行绕线。将绕好的定子线圈浸入室温清水中，12h后测量线圈的绝缘电阻。

2）质量要求。线圈浸入室温水12h后的绝缘电阻，对聚乙烯绝缘的线圈应不小于300MΩ，对聚氯乙烯绝缘的线圈应不小于60MΩ；导线表面的尼龙护套层或绝缘层不允许有擦伤、刺破等现象；导线长度不够时，每相线圈端部允许有一个接头，每台电动机最好不超过两个接头。

10.5.3 耐水绝缘导线定子绕组嵌线工艺

1 耐水绝缘导线定子绕组嵌线注意事项

充水式潜水电动机耐水绝缘导线定子绕组嵌线时需特别注意的事项如下：

1）嵌线时应使耐水绝缘导线自然地滑入槽中或用划线板轻轻地划入槽中，避免用力碰擦导线或强行嵌入导线，这样很容易损伤甚至损坏耐水绝缘导线。

2）定子绕组端部整形时应避免对耐水绝缘导线用力敲击，更不能用铁制工具直接碰撞导线，端部整形时不得过分用力，以免损伤线圈的耐水绝缘层。

3）充水式潜水电动机嵌线时，一般不宜翻槽（又称吊把），以保护耐水绕组线的绝缘，减少对线圈的损害。但嵌第三相的最后几个线圈时就比较困难，这是充水式潜水电动机嵌线与普通电动机嵌线的主要区别。

2 耐水绝缘导线的穿线工艺

（1）定子绕组穿线前的准备

检查定子铁心，清除毛刺、凸出物及异物，用压缩空气吹净铁心；塞好槽绝缘，两端应均匀对称；定子两端衬垫好青壳纸，以防穿线时擦伤耐水绝缘导线表面的塑料层；耐水绝缘导线两端削去10mm长的尼龙护套，套上20~30mm长的尼龙套管，以防穿线时擦伤槽中其他耐水绝缘导线的绝缘层；按照每槽要穿导线数目在需穿线的两个槽内放好等量的光滑金属棒（导杆）。

（2）定子绕组的穿线

从铁心槽底开始穿线，先穿小线圈。将套有尼龙护套的耐水绝缘导线始端对准导杆穿进槽内，边穿耐水绝缘导线边抽出导杆，直至全部抽出导杆，使耐水绝缘导线全部通过槽内，从另一端穿出。将导线始端穿入另一槽中，并从第一槽中将导线拉出，直至拉到该相导线的中点（穿线前已在中点处做好记号）。然后将耐水绝缘导线始端从第二槽中穿出，并回到第一槽。根据要求留出端部长度并弯成弧形，两端部线圈长度应均匀对称。重复上述过程，使每槽匝数达到规定要求。穿完小线圈后，在要穿大线圈的槽中同样放好导杆，重复上述穿线过程，直至将该半相导线全部穿完为止。

旋转定子，将已穿好的定子线圈转至定子上方，找出该相导线的末端，在已穿好线圈的定子槽对称位置上重复上述穿线工艺过程，直至剩下的半相线圈全部穿完为止。穿线过程中应注意所穿每槽导线圈数应严格按照要求。穿线时可用滑石粉涂敷在耐水绝缘导线表面作为润滑剂，以减少穿线过程中耐水绝缘导线表面相互间的摩擦，从而减少耐水绝缘导线表面的损伤。

继续穿第二相和第三相线圈后，进行端部整形，并塞好槽楔，以防电动机立式运行时线圈在槽内松动或下滑。线圈端部整形时，可在线圈表面衬垫塑料薄膜，并用橡皮锤定形，不允许用铁制工具直接敲打耐水绝缘导线表面，以防损坏耐水绝缘导线的表面绝缘层，造成定子绕组绝缘电阻下降，影响使用寿命。

扫一扫看视频

163

导线排列应整齐、美观，线圈端部形状应对称、均匀，长度符合要求，线圈内表面不能突出于铁心内圈。耐水绝缘导线表面的尼龙护套层或塑料绝缘层不允许擦伤或刺破。导线长度不够时，每相线圈后端部允许有一个接头，但每台电动机最好不超过两个接头。

3 耐水绝缘导线绕入式嵌线工艺

对铁心较长，嵌线较困难，但又不适宜穿线的定子，可采用绕入式嵌线法进行定子线圈的修理。

定子线圈采用绕入式嵌线工艺时，定子两端各有一个操作者，其中一个为主要操作者，另一为辅助操作者。由主要操作者将一圈导线绕成长椭圆形，从定子内孔中递送给辅助操作者，两人同时将该圈导线两边嵌入需嵌线的两个槽中，留出所需的端部长度，并将端部线圈弯成弧形。重复此操作过程，直至将该两个槽中所需的匝数"绕"满为止，并放好槽楔。采用绕入式嵌线法时，最好先嵌小线圈，再嵌大线圈。嵌完第一相线圈后，继续嵌第二相线圈和第三相线圈。最后进行定子绕组端部的整形和绑扎。

绕入式嵌线工艺与一般的嵌线工艺一样，第一组线圈不翻槽（吊把）。其整个嵌线工艺过程与穿线工艺过程相似。嵌线后的整形、绑扎和检查，与一般的嵌线工艺和穿线工艺相同。

10.5.4 嵌线完成后定子绕组的检验

充水式潜水电动机的定子绕组嵌线完成后，应测量定子绕组的绝缘电阻，在可能的条件下及需要时，也可对定子绕组进行耐电压试验。

1）将嵌好线的定子或带绕组的定子铁心放入水箱中，浸水 12h 后测量定子绕组的绝缘电阻，其值对采用聚乙烯绝缘导线绕制的定子绕组应大于 250MΩ，对采用聚氯乙烯绝缘导线绕制的定子绕组应大于 50MΩ。

2）三相定子绕组对地进行耐电压试验时间 1min，试验电压为 50Hz 的实际正弦波形，其有效值为 2260V（对额定电压为 380V 的电动机）。

10.5.5 定子绕组接头的包扎工艺

冷包自黏带密封是目前最常用、也比较可靠的接头密封方法。

（1）包扎用主要材料

J-20 或 J-21 型丁基自黏性胶带（或性能类似的其他胶黏带），其表面应均匀平整，不应有穿孔、肉眼可见的气孔和未混匀的粉粒。

（2）连接与包扎前的准备

将定子绕组的引出导线按连接的要求长度截断，接头处剥去塑料绝缘层，将引出电缆按接线需要的长度剥去橡皮绝缘层和保护层，按定子绕组要求的接法进行接线。然后采用锡焊或磷铜焊将导体焊接在一起，要求焊接处导体全部接合，焊接部位光滑平整，没有虚焊或脱焊现象。焊接部位和需包扎的导线与电缆部位应用酒精擦洗干净，不要残存化学焊剂。

（3）充水式潜水电动机定子绕组的接头包扎

具体分为两根耐水绝缘导线对接、多根耐水绝缘导线的连接、耐水绝缘导线与引出电缆的连接和引出电缆与电力电缆间的连接等几种，具体包扎工艺及要求如下：

1）两根耐水绝缘导线对接密封。用自黏性胶带拉紧（拉伸 200% 到黑色自黏带发白为止）、拉平，在耐水绝缘导线表面半叠包 5~6 层，单面厚度 2~3mm，包扎长度 150mm。外用聚酯薄膜胶黏带或聚氯乙烯胶黏带半叠包 2 层作机械保护。

2）多根耐水绝缘导线的连接密封（星形联结的中性点）。用自黏性胶带拉紧、拉平后进行包扎。先在各耐水绝缘导线表面半叠包 1~2 层，然后在导线交叉点用自黏性胶带在各导线间轮流绕包 2~3 层；再在各导线表面半叠包 1 层，在交叉点各导线间轮流绕包 1~2 层。如此反复 2~3 次，最后再在各耐水绝缘导线表面半叠包 1 层，每根导线包扎长度 70~90mm，外用聚酯薄膜胶黏带或聚氯乙烯胶黏带半叠包 2 层作机械保护。

3）耐水绝缘导线与引出电缆的连接密封。耐水绝缘导线与引出电缆内芯间的连接包扎方法基本与耐水绝缘导线间的连接包扎密封方法相同。用丁基胶黏带包扎耐水绝缘导线与电缆内芯完毕后，接着包扎电缆内芯和电缆外表面，将其间的间隙密封起来，防止井水渗入电缆内。包扎方法类似多根耐水绝缘导线间的连接密封。

4）引出电缆与动力电缆间的连接与密封。先将引出电缆的芯线和动力电缆的芯线分别按两根导线的对接方法进行连接和包扎，然后将三根（或四根）芯线同时用丁基胶黏带包扎起来，最后将两根电缆表面也用丁基胶黏带连续半叠包 3~4 层密封起来，并用聚酯薄膜胶黏带或聚氯乙烯胶黏带半叠包 2 层作机械保护。

耐水绝缘导线与电缆引出线或星形联结中性点导线连接包扎完毕后，用绑扎带将其绑扎在线圈端部。要求绑扎牢固，排列整齐美观，不允许有松动现象。定子绕组的出线位置应符合规定要求。

要求定子绕组三相电阻不平衡值不超过 ±5%；浸入室温水 12h 后测得的绝缘电阻值，对聚乙烯绝缘导线应不低于 200MΩ，对聚氯乙烯绝缘导线应不低于 50MΩ。

10.6 潜水电泵

10.6.1 潜水电泵的结构

潜水电泵与一般拖动水泵的电动机及深井泵用电动机相比，具有体积小、重量轻、结构简单、安装使用方便、不受吸程限制、不用另设泵房等优点。

1 干式潜水电泵的结构

干式潜水电泵的轴伸端装有机械密封装置，可防止水和沙粒进入电动机内腔，电动机在泵的上部，其结构如图 10-8 所示。

2 气垫密封式潜水电泵的结构

气垫密封式潜水电泵采用全封闭水外冷笼型三相异步电动机，它安装在泵的上端，其内腔下端部有一气室，在外界水的压力下形成气垫，从而阻止外界水浸入电动机内腔。其结构如图 10-9 所示。

3 充水密封式潜水电泵的结构

这种潜水电泵的电动机充满清水，各止口接合面以 O 形圈密封。轴伸端装有单端面或油封的防沙密封装置。电动机内腔装有充气的橡皮环或在下端装有橡皮囊，用于调节电动机内腔清水由于工作温度变化而引起的体积变化。

定子绕组由于长期沉浸在水中，并直接承受对地绝缘，故要求绝缘可靠，使用寿命长，并有良好的耐热、耐老化性能和较高的机械强度，通常用聚乙烯尼龙护套耐水线绕制。

定子绕组和引出电缆的连接，是电泵修理的一个重要环节，其连接应采用自黏性胶带包扎，包扎要密封可靠、绝缘良好。

图 10-8　干式潜水电泵的结构

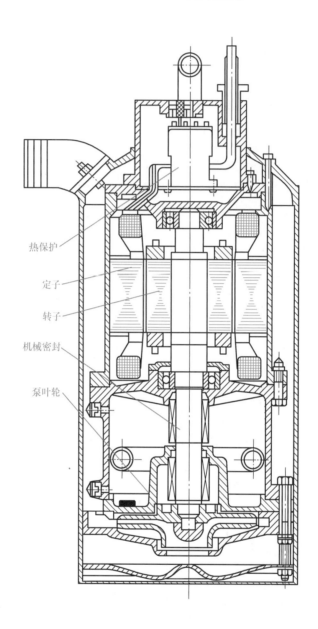

热保护

定子

转子

机械密封

泵叶轮

4　浅水排灌潜水电泵的结构

浅水排灌常用的电泵有用 JQB 型电泵和 QY 型电泵。JQB 型电泵的结构如图 10-10 所示，它由水泵、电动机、密封三部分组成。水泵在电泵的上部，可装配三种不同类型的泵，即轴流泵、混流泵或离心泵。电动机在电泵的下部。

密封部分在电泵的中部，采用整体式密封盒，其作用主要是防水密封，使电动机的轴伸处基本上不漏水。电动机的绕组用装卸式塑料屏蔽套进行密封。在电动机的各固定止口配合处都采用橡胶环密封。

📖 图 10-9　气垫密封式潜水电泵的结构

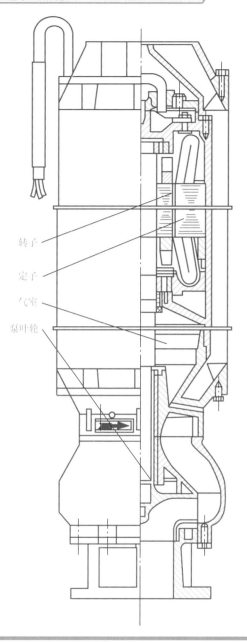

转子

定子

气室

泵叶轮

10.6.2　潜水电泵的使用与保养

1　潜水电泵安装前的注意事项

1）潜水电泵用电缆应可靠地固定在泵管上，避免与井壁相碰。不允许将电缆当绳索使用。

2）电动机应有可靠的接地措施。如果限于条件，没有固定的地线时，可在电源附近或潜水电泵使用地点附近的潮湿土地中埋入 2m 的金属棒作为地线。

3）井用潜水泵使用前，应先对井径、水深、水质情况进行测量检查，符合要求后才允许装机运行。

图 10-10　浅水排灌潜水电泵的结构

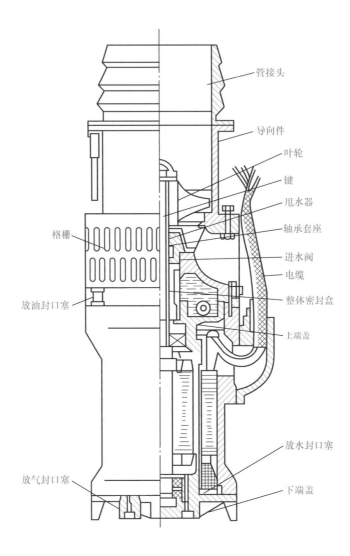

管接头

导向件

叶轮

键

甩水器

轴承套座

进水阀

电缆

整体密封盒

上端盖

格栅

放油封口塞

放水封口塞

放气封口塞

下端盖

4）使用前应检查各零部件的装配是否良好，紧固件是否松动。充水式电动机内腔必须充满清水，充油式电动机必须充满绝缘油，并检查绝缘电阻。当测得的冷态绝缘电阻值低于 $1M\Omega$ 时，应检查定子绕组绝缘电阻降低的原因，排除故障，使绝缘电阻恢复到正常值后才能使用，否则可能造成潜水电动机定子绕组的损坏。

5）对于充油式潜水电泵应检查电动机内部或密封油室内是否充满了油，如果未按规定加满，应补充注满至规定油面；对于充水式潜水电泵，电动机内腔应充满清水或按制造厂规定充满配制的水溶液。

6）检查过载保护开关是否与潜水电动机的规格相符，以使潜水电泵在使用中发生故障时，能得到可靠的保护，而不至于损坏潜水电动机的定子绕组。

7）使用前应先试验电动机转向，如不符合转向箭头的转向，应更正。

2 潜水电泵的使用

1）潜水电泵潜入水中后，应再一次测量绝缘电阻，以检查电缆与接头的绝缘情况。

2）运转过程中应注意电流、电压值，且注意有无振动和异常声音。如发现中途水量减少或中断，应查明原因后再继续使用。

3）潜水电泵不允许打泥浆水，更不能埋入河泥中工作，否则会使潜水电泵散热不良，工作困难，会缩短电泵使用寿命，甚至烧坏电动机绕组。如果水中含沙量增加，密封块也容易磨损。在河流坑塘提水时，最好把电泵放在篮筐中再将泵吊起在水中架空使用，以免杂物扎进叶轮。

4）合理选用起动保护装置，必须设有过载保护和短路保护。

5）潜水电泵起动前不需要引水，停止后不得立即再起动，否则负载过重，起动电流过大，使电动机过热。

6）潜水电泵一般不应脱水运转，如需在地面上进行试运转时，其脱水运行时间一般不应超过2min。充水式潜水电泵内部未充满清水或不能充满清水（过滤循环式）时，严禁脱水运转。

3 潜水电泵的保养

1）放水。电泵在运转300h后，需将电泵底部的放水封口塞螺钉松开，进行放水检查，如图10-11所示。因电泵在运转时，有可能会有少量的水渗进机体。放出来的水或油水混合物如不超过20mL，电泵仍可以继续使用；若超过，应检查密封磨块磨损情况或放水封口塞的橡胶衬垫是否损伤，经检修后方可使用。

图 10-11 电泵放水和加油的方法

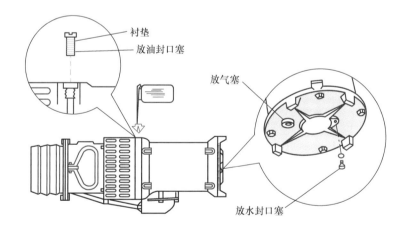

2）换油。电泵中部的油室里充满了10号机油，起润滑和冷却密封磨块的作用。如果磨块磨损，有水及其他杂质渗入，将使油变脏并含有水分。所以每次放水时也应同时检查油的质量。如油质不好，应及时换油。10号机油可用变压器油代替。在换油过程中要检查封口塞的衬垫是否损伤。

3）潜水电动机应每年检修一次，更换易损零件。

4）机械密封装置重新装配前，动静磨块的工作面应重新研磨。

5）充水电动机在存放期间应放尽电动机内腔的清水。如存放时间过长，使用前应检查密封胶圈有无老化现象。

10.6.3 潜水电泵的修理与试验

1 潜水电泵绕组的修理

JQS 潜水泵电动机绕组修理时应注意以下几点：

1）电泵电动机重新更换绕组时，应先将聚乙烯尼龙护套线放在水中（水温接近室温）测量其绝缘电阻，正常情况下每 1000m 不应低于 40MΩ。

2）潜水泵用的电动机比较细长，定子绕组一般以穿线工艺嵌线。为防止穿线时损伤绝缘和有利于绕组的冷却，电动机的槽满率应小于 70%。

3）定子绕组应以一相连绕的方式绕制，以减少绕组接头，提高耐水绝缘的可靠性。

4）绕组端部必须可靠的包扎，防止装配时绝缘层被碰伤。

5）定子绕组和引出电缆的连接点以及绕组的星形连接点，应采用自黏胶带包扎，要密封可靠、绝缘良好。

2 潜水电泵密封件的修理

现以 JQB 型电泵为例介绍密封部件的修理。JQB 型电泵的电动机绕组及其故障的处理方法与普通三相异步电动机大致相同，这种潜水泵检修的关键问题是必须保证有良好的密封，不然会造成电动机进水而损坏定子绕组。

（1）磨块的研磨

电动机轴伸端采用整体式双端面机械密封盒，如图 10-12 所示。它是潜水电泵的关键密封部件，如其中的磨块损坏，必须及时更换。更换时，先按原尺寸经机械加工后，再在平板上研磨。研磨的工艺大致如下：

图 10-12　整体式双端面机械密封盒

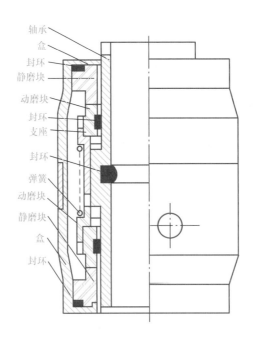

1）粗磨，30~40min，一般用机械方法加工。

2）用汽油或甲苯等清洗。

3）精磨，2~3min，并用揩镜纸揩净包好。

现在一般采用陶瓷对不锈钢和陶瓷对陶瓷的磨块作为第一道密封。对于陶瓷磨块，粗磨用90~100号金刚砂砂纸，精磨用500号碳化硼砂纸，抛光用W3号研磨膏，并加适量甘油。

（2）密封的调换

调节整体式密封时，可按图10-13a的步骤顺序进行拆卸，装配时按拆卸的反顺序进行。

📄 图 10-13 调节整体式密封步骤（数字表示拆装顺序）

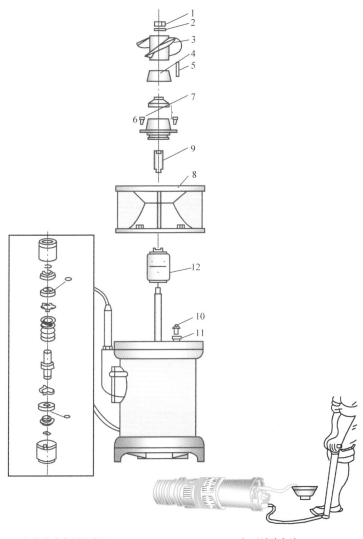

a) 调节整体式密封的步骤   b) 气压试验方法

3 潜水电泵的试验

潜水电泵电动机绕组修复后应做以下试验：

1）负载试验。在水中运转 4h，温升不超过 75℃。

2）耐压试验。电压为 1700V，持续时间为 1min。

3）直流电阻试验。三相绕组的电阻平均值不超过 3%。

4）超压试验。三相接上 500V 交流电压，在空气中运转 5min。

5）绝缘电阻。在常温下不低于 5MΩ。

6）制动试验。将叶轮轧住，接于 100V 的三相电源，三相电流平均值不超过 5%。如相差过大，可能是转子断条，必须更换转子。

7）机械检查。电泵在运行时，检查各部分声音，如轴承和叶轮运转是否正常。

8）密封件修复或调换后进行气压试验。首先把打气筒的气压接头接到放气螺孔上，如图 10-13b 所示。用小接头接到放水螺孔上，接头的一端套上管子，管子的另一端放入盛有水的碗中。打入气压（不大于 0.2MPa）检查，如有气泡冒出，说明安装质量不好。

10.6.4 潜水电泵的定期检查与维护

潜水电泵在水下运行，使用条件比较恶劣，平时又难以直接观察其在水下的运行情况，因此应对潜水电泵进行定期的检查与维护。

1）应经常利用停机间隙测量潜水电动机的绝缘电阻。停机后立即测得的定子绕组对地的热态绝缘电阻值，对于充水式潜水电泵应不低于 0.5MΩ；对于充油式、干式和屏蔽式潜水电泵应不低于 1MΩ；如果测量冷态绝缘电阻，一般应不低于 5MΩ。潜水电动机定子绕组的绝缘电阻若低于上述值，一般应进行仔细的检查，然后进行修理。

2）对潜水电动机运行电流应进行经常的监视，若三相电流严重不平衡或运行电流逐渐变大，甚至超过额定电流时，应尽快停机进行检查和修理。

3）对潜水电泵的运行情况应进行经常的监视，如发现流量突然减少或有异常振动或噪声时，应及时停机，进行检查和修理。

4）潜水电泵使用满一年（对频繁使用的潜水电泵，可适当缩短时间），应进行定期的检查和修理，更换油封、O 形圈等易损件及磨损的零件。

10.6.5 潜水电泵常见故障及排除方法

潜水电泵的常见故障及排除方法见表 10-1。

表 10-1　潜水电泵的常见故障及排除方法

常见故障	可能原因	排除方法
电泵不能起动	1. 熔丝熔断 2. 电源电压过低 3. 电缆接头损坏 4. 三相电源有一相或二相断线 5. 电动机定子绕组断路或短路 6. 定子绕组烧坏 7. 电泵的叶轮被卡住，轴承损坏，定子与转子摩擦严重	1. 排除引起故障的因素，更换熔丝，重新起动 2. 将电压调整到额定值 3. 更换接头 4. 修复断线 5. 检修定子绕组 6. 修复定子绕组 7. 清除堵塞物或更换轴承，调整定子与转子的间隙

（续）

常见故障	可能原因	排除方法
电泵出水量不足	1. 叶轮倒转 2. 叶轮磨损或损坏 3. 滤网、叶轮、出水管被堵 4. 电泵及泵管漏水 5. 转速过低 6. 电动机转子端环、导条断裂 7. 定子绕组短路	1. 调换电动机的任意两根接线 2. 修复或更换叶轮 3. 清除堵塞物 4. 检修漏水处 5. 提高转速 6. 修理或更换转子 7. 检修定子绕组
电泵突然不转	1. 电源断电 2. 开关跳闸或熔丝熔断 3. 定子绕组烧坏 4. 叶轮被杂物堵塞或轴瓦抱轴	1. 等通电后再起动 2. 排除引起故障的因素，更换熔丝后再起动 3. 修复定子绕组 4. 清除堵塞物，修理或更换轴瓦
运行声音不正常	1. 叶轮与导流壳摩擦 2. 电泵入水太浅 3. 轴承损坏 4. 三相电源有一相断线，导致单相运行 5. 定子绕组局部短路 6. 定子铁心在机座内松动，铁心损坏	1. 修理或更换叶轮 2. 必须放在水下 0.5~3m 深处 3. 更换轴承 4. 检查电动机和开关的接线、熔丝及电缆，修复断线，更换熔断的熔丝 5. 检修定子绕组 6. 检修或更换铁心
电动机定子绕组烧坏	1. 电源电压过低 2. 三相电源有一相断线，致使电动机单相运行 3. 水中含泥沙过多，致使电动机过载 4. 电泵叶轮被杂物堵塞 5. 电动机露出水面运行的时间过长 6. 电动机陷入泥沙中，散热不良 7. 电动机起动、停机过于频繁 8. 电缆破损后渗水，定子绕组受潮 9. 电泵密封失效，定子绕组进水	由 1.~9. 引起故障的原因，修理或更换定子绕组

11.1 步进电动机

11.1.1 步进电动机概述

1 步进电动机的用途

步进电动机是一种用电脉冲信号进行控制，并将电脉冲信号转换成相应的角位移（或线位移）的一种控制电动机。步进电动机的运动形式与普通匀速旋转的电动机有一定的差别，它的运动形式是步进式的，所以称为步进电机。又因其绕组上所加的电源是脉冲电压，有时也称它为脉冲电动机。

一般电动机都是连续旋转的，而步进电动机则是一步一步转动的，它是由专用电源供给电脉冲，每输入一个电脉冲信号，电动机就转过一个角度，如图11-1所示。步进电机也可以直接输出线位移，每输入一个电脉冲信号，电动机就走一段直线距离。它可以看作是一种特殊运行方式的同步电动机。

图 11-1　步进电动机的功用

扫一扫看视频

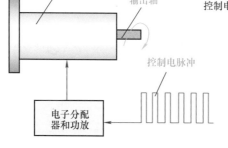
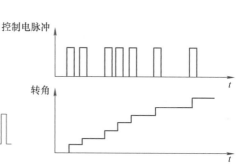

由于步进电动机是受脉冲信号控制的，所以步进电机不需要变换就能直接将数字信号转换成角位移或线位移。因此它很适合于作为数字控制系统的伺服元件。

近年来，步进电动机已广泛地应用于数字控制系统中，例如数控机床、绘图机、计算机外围设备、自动记录仪表、钟表和数 - 模转换装置以及航空、导弹、无线电等工业中。

2 步进电动机的种类

步进电动机的种类很多，按运动形式分有旋转式步进电动机、直线步进电动机和平面步进电动机。按运行原理和结构型式分类，步进电动机可分为反应式、永磁式和混合式（又称为感应子式）等。按工作方式分类，步进电动机可分为功率式和伺服式，前者能直接带动较大的负载，后者仅能带动较小负载。其中反应式步进电动机用得比较普遍，结构也较简单。

当前最有发展前景的是混合式步进电动机，其有以下四个方面的发展趋势：①继续沿着小型化的方向发展；②改圆形电动机为方形电动机；③对电动机进行综合设计；④向五相和三相电动机方向发展。

11.1.2 步进电动机的基本结构

反应式步进电动机（又称为磁阻式步进电动机）是利用反应转矩（磁阻转矩）使转子转动的。因结构不同，其又可分为单段式和多段式两种。

单段式又称为径向分相式。它是目前步进电动机中使用得最多的一种结构形式，如图11-2所示。一般在定子上嵌有几组控制绕组，每组绕组为一相，但至少要有三相以上，否则不能形成起动力矩。定子的磁极数通常为相数的2倍，每个磁极上都装有控制绕组，绕组形式为集中绕组，在定子磁极的极弧上开有小齿。转子由软磁材料制成，转子沿圆周上也有均匀分布的小齿，它与定子极弧上的小齿有相同的分度数，即称为齿距，且齿形相似。定子磁极的中心线即齿的中心线或槽的中心线。

图 11-2 单段式三相反应式步进电动机（A相通电时的位置）

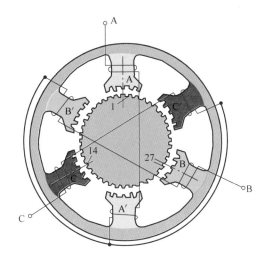

扫一扫看视频

单段式反应式步进电动机制造简单，精度易于保证；步距角也可以做得较小，容易得到较高的起动和运行频率。其缺点是，当电动机的直径较小，且相数较多时，沿径向分相较为困难。另外，这种电动机消耗的功率较大，断电时无定位转矩。

11.1.3 反应式步进电动机的工作原理与通电方式

图11-3所示为一台最简单的三相反应式步进电动机的工作原理图。它的定子上有6个极，每个极上都装有控制绕组，每两个相对的极组成一相。转子是4个均匀分布的齿，上面没有绕组。反应式步进电动机是利用凸极转子交轴磁阻与直轴磁阻之差所产生的反应转矩（或磁阻转矩）转动的，所以也称为磁阻式步进电动机。下面分别介绍不同通电方式时，反应式步进电动机的工作原理。

图 11-3　三相反应式步进电动机的工作原理图（三相单三拍运行时）

扫一扫看视频

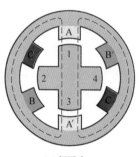

a) A 相通电

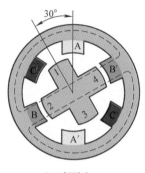

b) B 相通电

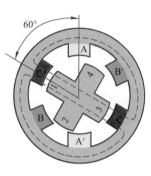

c) C 相通电

1　三相单三拍通电方式

　　反应式步进电动机采用三相单三拍通电方式运行的工作原理如图 11-3 所示。当 A 相控制绕组通电时，气隙磁场轴线与 A 相绕组轴线重合，因磁通总是要沿着磁阻最小的路径闭合，所以在磁拉力的作用下，将使转子齿 1 和 3 的轴线与定子 A 极轴线对齐，如图 11-3a 所示。同样道理，当 A 相断电、B 相通电时，转子便按逆时针方向转过 30° 角度，使转子齿 2 和 4 的轴线与定子 B 极轴线对齐，如图 11-3b 所示。如再使 B 相断电、C 相通电时，则转子又将在空间转过 30°，使转子齿 1 和 3 的轴线与定子 C 极轴线对齐，如图 11-3c 所示。如此循环往复，并按 A → B → C → A 的顺序通电，步进电动机便按一定的方向一步一步地连续转动。步进电动机的转速直接取决于控制绕组与电源接通或断开的变化频率。若按 A → C → B → A 的顺序通电，则步进电动机将反向转动。

　　步进电动机的定子控制绕组每改变一次通电方式，称为一拍。此时步进电机转子所转过的空间角度称为步距角 θ_s。上述的通电方式，称为三相单三拍运行。所谓"三相"，即三相步进电动机具有三相定子绕组；"单"是指每次通电时，只有一相控制绕组通电；"三拍"是指经过三次切换控制绕组的通电状态为一个循环，第四次换接重复第一次的情况。很显然，在这种通电方式时，三相反应式步进电机的步距角 θ_s 应为 30°。

　　三相单三拍运行时，步进电动机的控制绕组在断电、通电的间断期间，转子磁极因"失磁"而不能保持自行"锁定"的平衡位置，即所谓失去了"自锁"能力，易出现失步现象。另外，由一相控制绕组断电至另一相控制绕组通电，转子则经历起动加速、减速至新的平衡位置的过程，转子在达到新的平衡位置时，会由于惯性而在平衡点附近产生振荡，故运行的稳定性差。因此，常采用双三拍或单、双六拍的控制方式。

2　三相双三拍通电方式

　　反应式步进电动机采用三相双三拍通电方式运行的工作原理如图 11-4 所示。其控制绕组按 AB → BC → CA → AB 顺序通电，或按 AB → CA → BC → AB 顺序通电，即每拍同时有两相绕组同时通电，三拍为一个循环。

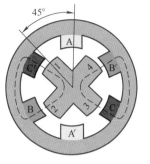

a) A、B相导通　　　　　　　　b) B、C相导通

3　三相单、双六拍通电方式

反应式步进电动机采用三相单、双六拍通电方式运行的工作原理如图 11-5 所示。其控制绕组按 A → AB → B → BC → C → CA → A 顺序通电，或按 A → AC → C → CB → B → BA → A 顺序通电，也就是说，先 A 相控制绕组通电；以后再 A、B 相控制绕组同时通电；然后断开 A 相控制绕组，由 B 相控制绕组单独接通；再同时使 B、C 相控制绕组同时通电，依此进行。其特点是三相控制绕组需经 6 次切换才能完成一个循环，故称为"六拍"，而且通电时，有时是单个绕组接通，有时是两个绕组同时接通，因此称为"单、双六拍"。

图 11-5　单、双六拍运行时的三相反应式步进电动机

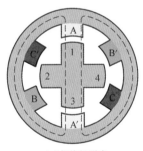
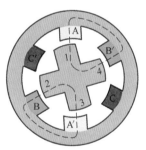
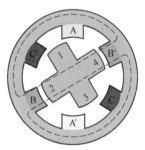

a) A相绕组通电　　　　　　b) A、B相绕组同时通电　　　　　　c) B相绕组通电

11.1.4　步进电动机的步距角和转速的关系

在三相单三拍通电方式中，步进电动机每一拍转子转过的步距角 θ_s 为 30°。采用三相单、双六拍通电方式后，步进电动机由 A 相控制绕组单独通电到 B 相控制绕组单独通电，中间还要经过 A、B 两相同时通电这个状态，也就是说要经过二拍转子才转过 30°，所以在这种通电方式下，三相步进电机的步距角 $\theta_s = \dfrac{30°}{2} = 15°$，即单、双六拍通电方式的步距角比单三拍通电方式减小一半。

由以上分析可见，同一台步进电动机采用不同的通电方式，可以有不同的拍数，对应的步距角也不同。此外，六拍通电方式每一拍也总有一相控制绕组持续通电，也就具有电磁阻尼作用，使

步进电动机工作也比较平稳。

上述这种简单结构的反应式步进电机的步距角较大，如在数控机床中应用就会影响到加工工件的精度。图 11-2 中所示的结构是最常见的一种小步距角的三相反应式步进电动机。它的定子上有 6 个极，分别绕有 A-A'、B-B'、C-C' 三相控制绕组。转子上均匀分布 40 个齿。定子每个极上有 5 个齿。定、转子的齿宽和齿距都相同。

反应式步进电动机的步距角 θ_s 的大小是由转子的齿数 Z_r、控制绕组的相数 m 和通电方式所决定的。它们之间存在以下关系：

$$\theta_s = \frac{360°}{mZ_rC} = \frac{2\pi}{mZ_rC}$$

式中　C——状态系数，当采用单三拍和双三拍通电方式运行时，$C = 1$；而采用单、双六拍通电方式运行时，$C = 2$。

如果以 N 表示步进电动机运行的拍数，则转子经过 N 步，将经过一个齿距。每转一圈（即 360° 机械角），需要走 NZ_r 步，所以步距角又可以表示为

$$\theta_s = \frac{360°}{NZ_r} = \frac{2\pi}{NZ_r}$$

$$N = Cm$$

若步进电动机通电的脉冲频率为 f（拍 /s 或脉冲数 /s），则其转速 n 为

$$n = \frac{60f}{mZ_rC} \quad \text{或} \quad n = \frac{60f}{NZ_r}$$

由此可知，反应式步进电动机的转速与拍数 N、转子齿数 Z_r 及脉冲的频率 f 有关。相数和转子齿数越多，步距角越小，转速也越低。在同样脉冲频率下，转速越低，其他性能也有所改善，但相数越多，电源越复杂。目前步进电动机一般做到六相，个别的也有做成八相或更多相数。

同理，当转子齿数一定时，步进电动机的转速与输入脉冲的频率成正比，改变脉冲的频率，可以改变步进电动机的转速。

增加转子齿数是减小步进电动机步距角的一个有效途径，目前所使用的步进电动转子齿数一般很多。对于相同相数的步进电动机，既可以采用单拍或双拍方式，也可以采用单双拍方式。所以，同一台步进电动机可有两种步距角，如 3° /1.5°、1.5° /0.75°、1.2° /0.6° 等。

11.1.5　步进电动机的使用注意事项

1）根据需要的脉冲当量和可能的传动比决定步进电动机的步距角。

2）根据负载需要的最大角速度和速度以及传动比，选择运行频率。

3）起动和停止的频率应考虑负载的转动惯量，大转动惯量的负载，起动和停止频率应选低一些。起动时先在低频下起动，然后再升到工作频率；停车时先把电动机从工作频率下降到低频再停止。

4）应尽量使工作过程中负载均称，避免由于负载突变而引起动态误差。

5）强迫风冷的步进电动机，工作中冷却装置应正常运行。

6）发现步进电动机有失步现象时，应首先考虑是否超载，电源电压是否在规定范围内，指令安排是否合理。然后再检查驱动电源是否有故障，波形是否正常。在修理过程中，不宜随意更换元件和改用其他规格的元件。

11.1.6 步进电动机的常见故障及排除方法

步进电动机的故障与一般电动机有共性也有特殊性。与一般电动机共性的故障如机壳带电、绝缘电阻降低等的排除方法可参考有关章节。步进电动机的常见故障及排除方法，见表11-1。

表 11-1 步进电动机的常见故障及排除方法

常见故障	可能原因	排除方法
不能起动	1. 驱动线路的电参数没有达到样本规定值，致使电动机出力下降 2. 遥控时距离较远，未考虑线路的电压降 3. 电动机安装不合理，造成转子变形，使定、转子相卡 4. 接线差错，即 N、S 的极性接错 5. 电动机存放不善，造成定、转子生锈卡住 6. 驱动电源有故障 7. 电动机绕组匝间短路或接地 8. 电动机绕组烧坏 9. 外电源电压降太大，致使电源电压过低 10. 没有脉冲控制信号	1. 需改进线路 2. 采取措施，减小线路电压降 3. 安装好后，可试用手旋动转子检查，应能自由转动 4. 查出后，重新改接 5. 检修电动机，使其转动灵活 6. 检查驱动电源，对症处理 7. 查出短路或接地处，加强绝缘，或重新绕制 8. 重新绕制 9. 查出原因，予以解决 10. 检查控制电路
严重发热	1. 说明书提及的性能，一般是指三相六拍工作方式，如果使用时改为双三拍工作方式，则温升将很高 2. 为提高电动机的性能指标，采用了加高电压，或加大工作电流的办法 3. 电动机工作在高温和密闭的环境中，无法散热或散热条件非常差	1. 可降低参数指标使用或改选合适的步进电动机 2. 改变使用条件后，必须补做温升试验，证明无特高温升才能使用 3. 加强散热通风，改善使用条件
绕组烧坏	1. 使用不慎，误将电动机接入市电工频电源 2. 高频电动机在高频下连续工作时间过长 3. 长期在温度较高的环境下运行，造成绕组绝缘老化 4. 线路已坏，致使电动机长期在高电压下工作	1. 按照说明书，正确使用 2. 适当缩短连续工作时间 3. 改善使用条件，加强散热通风 4. 检修电路
噪声大	1. 电动机运行在低频或共振区 2. 纯惯性负载、短程序、正反转频繁 3. 磁路混合式或永磁式步进电动机的磁钢退磁 4. 永磁单向旋转步进电动机的定向机构已坏	1. 消除齿轮间隙或其他间隙；采用尼龙齿轮；使用细分线路；使用阻尼器；降低电压，以降低出力 2. 可改长程序，并增加适当的摩擦阻尼以消振 3. 只需重新充磁即可改善 4. 检修定向机构
失步或多步	1. 负载过大，超过电动机的承载能力 2. 负载的转动惯量过大，则在起动时出现失步；而在停车时可能停不住 3. 由于转动间隙有大有小，因此失步数也有多有少 4. 传动间隙中的零件有弹性变形。如绳传动中，传动绳的材料弹性变形较大 5. 电动机工作在振荡失步区 6. 线路总清零使用不当 7. 定、转子局部相擦	1. 更换大电动机 2. 减小负载的转动惯量，或采取逐步升频来加速起动，停车时采用逐步减速 3. 可采用机械消隙结构或采用电子间隙补偿信号发生器，即当系统反向运转时，人为地多增加几个脉冲，用以补偿 4. 增加绳传动的张紧轮和张紧力，同时增大阻尼或提高传动零件的精度 5. 可用降低电压或增大阻尼的办法解决 6. 电动机执行程序的中途暂停时，不应再使用总清零 7. 查明原因，予以排除
无力或出力下降	1. 驱动电源故障 2. 电源电压过低 3. 定、转子间隙过大 4. 电动机输出轴有断裂隐伤 5. 电动机绕组内部接线有误 6. 电动机绕组线头脱落、短路或接地	1. 检修驱动电源 2. 查明原因，予以排除 3. 更换转子 4. 检修电动机输出轴 5. 可用指南针来检查每相绕组产生的磁场方向，而接错的那一相指南针无法定位，应将其改接 6. 查出故障点，并修复或重新绕制

11.2 直流伺服电动机

11.2.1 伺服电动机概述

伺服电动机又称为执行电动机，在自动控制系统中作为执行元件，把输入的电压信号变换成转轴的角位移或角速度输出。输入的电压信号又称为控制信号或控制电压，改变控制电压可以变更伺服电动机的转速及转向。

伺服电动机按其使用的电源性质不同，可分为直流伺服电动机和交流伺服电动机两大类。因自动控制系统对电动机快速响应的要求越来越高，使各种低惯量的伺服电动机相继出现。

伺服电动机的种类虽多，用途也很广泛，但自动控制系统对它们的基本要求可归结为以下几点：

1）宽广的调速范围：要求伺服电动机的转速随着控制电压的改变能在宽广的范围内连续调节。

2）机械特性和调节特性均为线性：伺服电动机的机械特性是指控制电压一定时，转速随转矩的变化关系；调节特性是指电动机转矩一定时，转速随控制电压的变化关系。线性的机械特性和调节特性有利于提高自动控制系统的动态精度。

3）无"自转"现象：即要求伺服电动机在控制电压降为零时能立即自行停转。

4）快速响应：电动机的机电时间常数要小，伺服电动机要有较大的堵转转矩和较小的转动惯量。这样，电动机的转速才能随着控制电压的改变而迅速变化。

此外，还有一些其他的要求，如希望伺服电动机的重量轻、体积小、控制功率小等。

11.2.2 直流伺服电动机的基本结构

1 盘形电枢直流伺服电动机

盘形电枢直流伺服电动机结构示意图如图 11-6 所示。它的定子由永久磁铁和前后磁轭组成，磁铁可在圆盘的一侧放置，也可以在两侧同时放置，电动机的气隙就位于圆盘的两边，圆盘上有电枢绕组，可分为印制绕组和绕线式绕组两种形式。

图 11-6 盘形电枢直流伺服电动机结构示意图

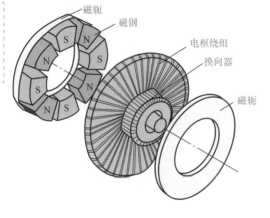
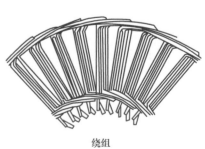

磁轭

磁钢

电枢绕组

换向器

磁轭

绕组

2 空心杯形电枢永磁式直流伺服电动机

空心杯形电枢永磁式直流伺服电动机结构示意图如图 11-7 所示。它有一个外定子和一个内定子，通常外定子是由两个半圆形（瓦片形）的永久磁铁组成；而内定子则为圆柱形的软磁材料制成，仅作为磁路的一部分，以减小磁路的磁阻。当然也可采用与此相反的形式，内定子为永磁体，而外定子采用软磁材料。

图 11-7 空心杯形电枢永磁式直流伺服电动机结构示意图

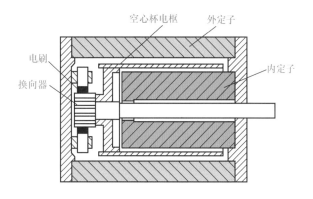

3 无槽电枢直流伺服电动机

无槽电枢直流伺服电动机结构示意图如图 11-8 所示。它的电枢铁心上并不开槽，电枢绕组直接排列在铁心表面，再用环氧树脂把它与电枢铁心粘成一个整体。其定子磁极可以用永久磁铁做成，也可采用电磁式结构。

图 11-8 无槽电枢直流伺服电动机结构示意图

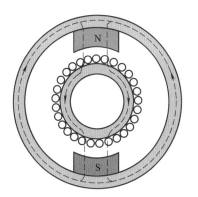

无槽电枢直流伺服电动机的转动惯量和电枢绕组电感比较大，因而其动态性能不如盘形电枢直流伺服电动机和空心杯形电枢永磁式直流伺服电动机。

11.2.3 直流伺服电动机的工作原理

直流伺服电动机的工作原理如图 11-9 所示。其控制方式有两种：一种是改变电枢电压 U_a，称为电枢控制；另一种是改变励磁电压 U_f，即改变励磁磁通，称为磁场控制。

图 11-9　直流伺服电动机工作原理图

扫一扫看视频

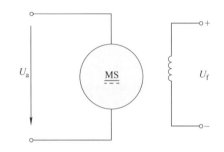

1　电枢控制

直流伺服电动机实质上是一台他励直流电动机。当励磁电压 U_f 恒定（即励磁磁通不变），且负载转矩一定时，升高电枢电压 U_a，电动机的转速随之升高；反之，减小电枢电压 U_a，电动机的转速就降低；若电枢电压为零，电动机则不转。当电枢电压的极性改变后，电动机的旋转方向也随之改变。因此把电枢电压作为控制信号，就可以实现对直流伺服电动机的转速的控制。所以其电枢绕组称为控制绕组。

对于电磁式直流伺服电动机，采用电枢控制时，其励磁绕组由外施恒压的直流电源励磁；对于永磁式直流伺服电动机则由永磁磁极励磁。

2　磁场控制

由直流电动机的工作原理可知，当他励直流电动机的励磁回路串联调节电阻调速时，若调节电阻增加，则励磁电流 I_f 将减小，磁通 Φ 也将减小，转速升高。反之，若调节电阻减小，转速便降低。显然，引起转速变化的直接原因是磁通 Φ 的变化。在直流伺服电动机中，并不是采用改变励磁回路调节电阻的方法来改变磁通 Φ，而是采用改变励磁电压 U_f 的方法来改变磁通 Φ。因此，可以把励磁电压 U_f 作为控制信号，来实现对直流伺服电动机转速的控制。

由于励磁回路所需的功率小于电枢回路，所以进行磁场控制时的控制功率小。但是，磁场控制有严重的缺点，例如在某种负载范围内，会出现控制信号改变而转速不变的情况等，所以在自动控制系统中，磁场控制很少被采用，只用于小功率电动机中。

11.2.4 直流伺服电动机的选用

1　直流伺服电动机的选择

直流伺服电动机的选择不仅是指对电动机本身的要求，还应根据自动控制系统所采用的串源、功率和系统对电动机的要求来决定。如果控制系统要求线性的机械特性和调节特性，且控制功率较大，则可选用直流伺服电动机。对随动系统，要求伺服电动机的响应快；对短时工作的伺服系统，要求伺服电动机以较小的体积和重量，给出较大的转矩和功率；对长期工作的伺服系统，要求伺服电动机的寿命要长。

为了便于选用，将部分直流伺服电动机的性能特点和应用范围介绍如下：

1）传统式直流伺服电动机：机械特性和调节特性线性度好，机械特性下垂，在整个调速范围内都能稳定运行，低速性能好，转矩大；气隙小、磁通密度高、单位体积输出功率大、精度高；电枢齿槽效应会引起转矩脉动；电枢电感大、高速换向困难；过载性能好，转子热容量大，因而热时间常数大、耐热性能好。

永磁式直流伺服电动机一般可用作小功率直流伺服系统的执行元件，但不适合于要求快速响应的系统；电磁式直流伺服电动机可用作中、大功率直流伺服系统的执行元件。

2）空心杯形电枢直流伺服电动机：电枢比较轻、转动惯量极低、响应快；电枢电感小、电磁时间常数小、无齿槽效应；转矩波动小、运行平稳、换向良好、噪声低；机械特性和调节特性线性度好、机械特性下垂；气隙大、单位体积的输出功率小。其适应于快速响应的伺服系统。空心杯形电枢直流伺服电动机功率较小，可用干电池供电，用于便携式仪器。

3）无槽电枢直流伺服电动机：在磁路上不存在齿饱和的限制，故气隙磁通密度较高；换向性能好；转动惯量小；机电时间常数小，响应快；低速时能平稳运行；调速比大。其适用于需要快速动作而负载波动不大且功率较大的直流伺服系统作为执行元件。

4）盘形电枢直流伺服电动机：电枢绕组全部在气隙中，散热良好，能承受较大的峰值电流；电枢由非磁性材料组成，轻且电抗小；换向性能良好，转矩波动小；电枢转动惯量小，机电时间常数小，响应快。其适用于低速和起动、制动、反转频繁的直流伺服系统。

2 直流伺服电动机使用注意事项

1）电磁式直流伺服电动机在起动时首先要接通励磁电源，然后再加电枢电压，以避免电枢绕组因长时间流过大电流而烧坏电动机。这是因为如果先加电枢电压，电枢电压将全部加在电枢电阻 R_a 上，而 R_a 很小，会造成电枢电流 I_a 过大，烧坏电动机。

2）在电磁式直流伺服电动机运行过程中，绝对要避免励磁绕组断线，以免造成电枢电流过大和"飞车"事故。

3）永磁式直流伺服电动机的性能很大程度上取决于永磁材料的优劣。在安装和使用这类电动机时，要注意防止剧烈的振动和冲击，否则容易引起永磁体内部磁畴排列的混乱，使永磁体退磁。另外，要尽量远离热源，因为有些永磁材料的磁性易受温度变化的影响。

4）为了获得大起动转矩，起动时励磁磁通应为最大。因此，在起动时励磁回路的调节电阻必须短接，并在励磁绕组两端加上额定励磁电压。

5）整流电路可用三相全波式可控电路供电，若选用其他型式的整流电路，应有适当的滤波装置。否则只能降低容量使用。

11.2.5 直流伺服电动机的维护保养

直流伺服电动机带有数对电刷，电动机旋转时，电刷与换向器摩擦而逐渐磨损。电刷异常或过度磨损，会影响电动机的工作性能。因此，对电刷的维护是直流伺服电动机维护的主要内容。交流伺服电动机与直流伺服电动机相比，由于不存在电刷，在维护方面相对来说比较容易些。

1 电刷装置的维护

数控车床、铣床和加工中心的直流伺服电动机应每年检查一次，频繁加、减速机床（如冲床）的直流伺服电动机应每两个月检查一次。检查要求如下：

1）在数控系统处于断电状态且电动机已经完全冷却的情况下进行检查。

2）取下橡胶刷帽，用螺钉旋具拧下刷盖取出电刷。

3）测量电刷长度，如直流伺服电动机的电刷磨损到其长度的 1/3 时，必须更换同型号的新电刷。

4）仔细检查电刷的弧形接触面是否有深沟或裂痕，以及电刷弹簧上有无打火痕迹。如有上述现象，则要考虑电动机的工作条件是否过分恶劣或电动机本身是否有问题。

5）用不含金属粉末及水分的压缩空气导入装电刷的刷孔，吹净粘在刷孔壁上的电刷粉末。如果难以吹净，可用螺钉旋具尖轻轻清理，直至孔壁全部干净为止，但要注意不要碰到换向器表面。

6）重新装上电刷，拧紧刷盖。如果更换了新电刷，应使电动机空载运行一段时间。以使电刷表面和换向器表面相吻合。

2 直流伺服电机的保养

1）用户在收到电动机后不要放在户外，保管场所要避免潮湿、灰尘。

2）当电动机存放一年以上时，要卸下电刷。如果电刷长时间接触在换向器上时，可能在接触处生锈，从而产生换向不良和噪声等现象。

3）要避免切削液等液体直接溅到电动机本体。

4）电动机与控制系统间的电缆连线，一定要按照说明书给出的要求连接。

5）若电动机使用直接联轴器、齿轮、带轮传动连接时，一定要进行周密计算，使加载到电动机轴上的力，不要超过其允许径向载荷及允许轴向载荷等参数指标。

6）电动机电刷要定期检查与清洁，以减少磨损或损坏。

11.2.6 直流伺服电动机常见故障及排除方法

直流伺服电动机常见故障及排除方法见表 11-2。

表 11-2 直流伺服电动机常见故障及排除方法

故障现象	产生原因	判断和处理
起动电流大	1. 轴承磨损 2. 电刷磨损或卡住 3. 电枢与定子相擦 4. 磁场退磁 5. 电枢绕组短路或开路 6. 电动机与负载不同轴	1. 更换轴承 2. 检查刷握，排除故障，换电刷 3. 排除相擦原因 4. 再充磁 5. 修理或更换电枢 6. 校正联轴器以减小阻力
电动机过热	1. 过载 2. 电动机最大转速超过时间周期 3. 环境温度高 4. 轴承磨损 5. 电枢绕组短路 6. 电枢与定子相擦	1. 检查负载及传动系统 2. 重新检查电动机额定最大转速 3. 改善通风条件，降低环境温度 4. 更换轴承 5. 修理或更换电枢 6. 检查相擦原因，排除故障或更换电枢
电动机烧坏	同电动机过热原因	如果不及时检修"电动机过热"故障，将使电动机严重过热，甚至烧坏
空载转速高	1. 励磁电流小 2. 磁场退磁	1. 增加励磁电流 2. 再充磁

（续）

故障现象	产生原因	判断和处理
空载电流大	1. 轴承磨损 2. 电刷磨损或卡住 3. 磁场退磁 4. 电枢与定子相擦 5. 负载过大 6. 转轴弯曲或不同轴	1. 更换轴承 2. 检查刷握，排除故障或更换电刷 3. 再充磁 4. 检查相擦原因，排除故障 5. 排除过负载 6. 电枢校直或再装配
输出转矩低	1. 磁场退磁 2. 电枢绕组短路或开路 3. 轴承磨损 4. 电枢与定子相擦 5. 转轴弯曲或安装不同轴	1. 再充磁 2. 修理或更换电枢 3. 更换轴承 4. 检查相擦原因，排除故障 5. 电枢校直或再装配
转速不稳定	1. 负载变化 2. 电刷磨损或卡住 3. 电动机气隙中有异物 4. 轴承磨损 5. 电枢绕组开路，短路或接触不良	1. 重调负载 2. 更换电刷，检查刷握故障 3. 排除异物 4. 更换轴承 5. 修理或更换电枢
旋转方向相反	1. 电动机引出线与电源接反 2. 磁极充反	1. 倒换接线 2. 重新充磁
电刷磨损快	1. 弹簧压力不适当 2. 换向器表面粗糙或脏 3. 电刷偏离中心 4. 过载 5. 电枢绕组短路 6. 电刷装置松动	1. 调整弹簧压力 2. 重新加工换向器或清理 3. 调整电刷位置 4. 调整负载 5. 修理或更换电枢 6. 调整电刷、刷握，使之配合适当
轴承磨损快	1. 联轴器或驱动齿轮不同轴，联轴器不平衡或齿轮啮合太紧，使径向负载过大 2. 轴承脏 3. 轴承润滑不够或不充分 4. 输出轴弯曲引起大的振动	1. 修正机械零件，限制径向负载达到要求值以下 2. 清洗轴承或更换轴承，采用防尘轴承 3. 改善润滑条件 4. 检查轴的径向跳动，校直或更换电枢
噪声大	1. 电枢不平衡 2. 轴承磨损 3. 轴向间隙大 4. 电动机与负载不同轴 5. 电动机安装不紧固 6. 电机气隙中有油泥、灰尘 7. 电动机安装不妥，噪声被放大	1. 电枢校动平衡 2. 更换轴承 3. 调整轴向间隙到要求值 4. 改善同轴度 5. 调整安装，保证紧固 6. 清理电动机气隙 7. 采用胶垫式安装减少噪声放大作用
径向间隙大	1. 轴与轴承配合松 2. 轴承磨损	1. 轴与轴承配合应是轻压配 2. 更换轴承
轴向间隙大	调整垫片不合适	增加调整垫圈，使轴向间隙达要求
振动大	1. 电枢不平衡 2. 轴承磨损 3. 径向间隙大 4. 电枢绕组开路或短路	1. 电枢动平衡到合适要求 2. 更换轴承 3. 检查径向间隙大的原因，对症修理 4. 修理或更换电枢
轴不转或转动不灵活	1. 没有输入电压 2. 轴承紧或卡住 3. 负载故障 4. 气隙中有异物 5. 负载过大 6. 电枢绕组开路 7. 电刷磨损或卡住	1. 检查电动机输入端有无电压 2. 修理或更换轴承 3. 排除负载不转故障 4. 重新清理，排除异物 5. 调整负载 6. 修理或更换电枢 7. 清理电刷、刷握

185

11.3 交流伺服电动机

11.3.1 交流伺服电动机概述

交流伺服电动机为两相异步电动机，其定子两相绕组在空间相距90°电角度。定子绕组中的一相为励磁绕组，运行时接至电压为U_f的交流电源上；另一相则作为控制绕组，输入控制电压U_c，电压U_c与U_f为同频率。

为了满足自动控制系统对伺服电动机的要求，伺服电动机必须具有宽广的调速范围、线性的机械特性、无"自转"现象和快速响应等性能。为此，它和普通异步电动机相比，应具有转子电阻大和转动惯量小这两个特点。

11.3.2 交流伺服电动机的基本结构

1 笼型转子交流伺服电动机

笼型转子交流伺服电动机的结构示意图如图11-10所示。励磁绕组和控制绕组均为分布绕组；转子结构与普通异步电动机的笼型转子一样，但是为了减小转子的转动惯量。需做成细长转子。笼型导条和端环采用高电阻率的导电材料（如黄铜、青铜等），也可采用铸铝转子，其导电材料为高电阻率的铝合金材料。

图 11-10　笼型转子交流伺服电动机结构示意图

扫一扫看视频

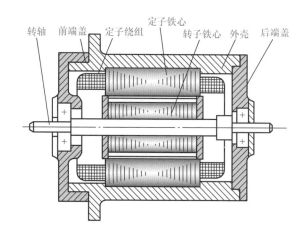

2 空心杯形转子交流伺服电动机

空心杯形转子交流伺服电动机的结构示意图如图11-11所示。外定子铁心和内定子铁心均由硅钢片冲制叠装而成，外定子槽内放置两相绕组，内定子铁心上通常都不放置绕组，仅作为主磁通的磁路。空心杯转子用铝、铝合金或纯铜等非磁性导电材料制成，其壁很薄，通常只有0.2~0.8mm。空心杯形转子固定在转轴上，能随转轴在内、外定子之间自由转动。

📑 图11-11 空心杯形转子交流伺服电动机结构示意图

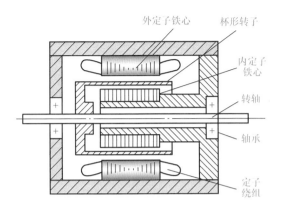

空心杯形转子交流伺服电动机的气隙较大，励磁电流为额定电流的80%~90%，因此效率低、功率因数低，体积和重量都较大。但是，与笼型转子相比，杯形转子的转动惯量小、摩擦力矩小，所以运行时反应灵敏、改变转向迅速、无噪声以及调速范围大等，这些优点使它在自动控制系统中得到了广泛应用。

11.3.3 交流伺服电动机的工作原理

常用的交流伺服电动机都采用两相异步电动机，其接线如图11-12所示。励磁绕组通常固定地接到电压 U_f 恒定的交流电源上，控制绕组接控制电压 U_c。控制电压 U_c 的频率与励磁电压 U_f 的频率相同。

📑 图11-12 两相交流伺服电动机接线图

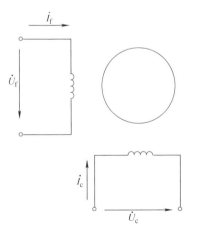

扫一扫看视频

当控制电压 U_c 为零时，电动机气隙中的磁场为脉振磁场，不产生起动转矩，因此转子静止不动。当 $U_c > 0$，且使控制电流 I_c 与励磁电流 I_f 有不同的相位时，则电动机气隙中形成一个椭圆形或圆形的旋转磁场，使电动机产生起动转矩，转子就会自动旋转起来。

由于电磁转矩的大小决定于气隙磁场的每极磁通量和转子电流的大小及相位，也即决定于控

制电压 U_c 的大小和相位，所以可采用下列三种方法来控制电动机，使之起动、旋转、变速或停止。

1）幅值控制。即保持控制电压 U_c 的相位角不变，仅改变其幅值的大小。

2）相位控制。即保持控制电压 U_c 的幅值不变，仅改变其相位角。

3）幅值－相位控制（或称电容控制）：即同时改变控制电压 U_c 的幅值和相位。

以上三种控制方法的实质都是利用改变不对称两相电压中正序和负序分量的比例，来改变电动机中正转和反转旋转磁场的相对大小，从而改变它们产生的合成电磁转矩，以达到改变转速的目的。为了使控制电压 U_c 与励磁电压 U_f 具有一定的相位差，通常采用在励磁回路或控制回路中串联电容器的方法来实现。

11.3.4 交流伺服电动机的选用

1 交流伺服电动机的选择

（1）运行性能的选择

1）机械特性。交流伺服电动机的机械特性是非线性的。从机械特性的线性度进行比较，采用相位控制时最好，而采用幅值－相位控制时为最差。从机械特性的斜率进行比较，采用幅值控制时机械特性斜率很大，所以在选择时要综合考虑。

2）快速响应。衡量伺服电动机的响应快慢（起动快慢）以机电时间常数为依据。一般来说，交流伺服电动机具有较好的快速响应特性。

3）自转。应注意在控制电压等于零时，交流伺服电动机应不产生自转现象。

4）使用频率。交流伺服电动机常用频率分低频和中频两大类。低频为 50Hz（或 60Hz），中频有 400Hz（或 500Hz）。因为频率越高，涡流损耗越大，所以中频电动机的铁心采用 0.2mm 以下的硅钢片叠成，以减少涡流损耗；低频电动机则采用 0.35～0.5mm 的硅钢片。低频电动机不应使用中频电源，否则电动机的性能会变差。在不得已时，若低频电源与中频电源互相代替使用，应注意随频率正比地改变电压，以保持电流仍为额定值，这样电动机发热可以基本上不变。

（2）结构型式的选择

1）笼型转子交流伺服电动机。其具有叠片式定子铁心，细而长的笼型转子，且转动惯量小，控制灵活，定、转子之间气隙小；重量轻、体积小、效率高、耐高温、机械强度高、可靠性高、价格低廉。ND 系列应用于自动装置及计算机中作执行元件；SD 系列应用领域同 ND 系列外，还可在上述领域作驱动动力；SA 系列在控制系统中将电信号转换为轴上的机械传动量；SL 系列应用在自动控制、随动系统及计算机中作执行元件。

2）空心杯形转子交流伺服电动机。转子用铝合金制成空心杯形状，转子细而长，重量轻，转动惯量小，快速响应好，运行平稳；但气隙大，电动机尺寸大，在高温和振动下容易变形。其主要用于要求转速平稳的装置，如计算装置中的积分网络。

2 交流伺服电动机使用注意事项

1）50Hz 工频的伺服电动机多为 2 或 4 极高速电动机，400Hz 中频的多为 4、6、8 极的中速电动机，更多极数的慢速电动机是很不经济的。

2）为了提高速度适应性能，减小时间常数，应设法提高起动转矩，减小转动惯量，降低起动电压。

3）伺服电动机的起动和控制十分频繁，且大部分时间在低速下运行，所以需要注意散热问题。

交流伺服电动机因为没有电刷之类的滑动接触，故其机械强度高、可靠性高、寿命长，只要使用恰当，使用中发生的故障率通常较低。

11.3.5 交流伺服电动机的维修

1 交流伺服电动机的维护保养

1）交流伺服电动机应按照制造厂提供的使用维护说明书中的要求正确存放、使用和维护。对于超过制造厂保修期的交流伺服电动机，必须对轴承进行清洗并更换润滑油脂，有时甚至需要更换轴承。经过这样的处理并重新进行出厂项目的性能测试后，便可以作为新出厂的电动机来使用。

2）要防止人体触及电动机内部危险部件，以及外来物质的干扰，保证电动机正常工作。但大部分切削液、润滑液等液态物质渗透力很强，电动机长时间接触这些液态物质，很可能会导致不能正常工作或使用寿命缩短。因此，在电动机安装使用时需采取适当的防护措施，尽量避免接触上述物质，更不能将其置于液态物质里浸泡。

3）当电动机电缆排布不当时，可能导致切削液等液态物质沿电缆导入并积聚到插接件处，继而引起电动机故障，因此在安装时尽量使电动机插接件侧朝下或朝水平方向布置。

4）当电动机插接件侧朝水平方向时，电缆在接入插接件前需做成方向朝下的半圆形弯曲。

5）当由于机器的结构关系，难以避免要求电动机接插件侧朝上时，需采取相应的防护措施。

交流伺服电动机因为没有电刷之类的滑动接触，故其机械强度高、可靠性高、寿命长，只要使用恰当，使用中发生的故障率通常较低。

2 交流伺服电动机的检修

（1）交流伺服电动机的基本检查

原则上说，交流伺服电动机可以不需要维修，因为它没有易损件。但由于交流伺服电动机内含有精密检测器，因此当发生碰撞、冲击时可能会引起故障，维修时应对电动机作如下检查：

1）是否受到任何机械损伤。

2）旋转部分是否可用手正常转动。

3）带制动器的电动机，制动器是否正常。

4）是否有任何松动螺钉或间隙。

5）是否安装在潮湿、温度变化剧烈和有灰尘的地方。

（2）交流伺服电动机维修完成后，安装注意事项

1）由于伺服电动机防水结构不是很严密，如果切削液、润滑油等渗入内部，会引起绝缘性能降低或绕组短路，因此，应注意电动机尽可能避免切削液的飞溅。

2）当伺服电动机安装在齿轮箱上时，加注润滑油时应注意齿轮箱的润滑油油面高度必须低于伺服电动机的输出轴，防止润滑油渗入电动机内部。

3）固定伺服电动机联轴器、齿轮、同步带等连接件时，任何情况下作用在电动机上的力不能超过电动机容许的径向、轴向负载。

4）按说明书规定，对伺服电动机和控制电路之间进行正确的连接（见机床连接图）。连接中的错误，可能引起电动机的失控或振荡，也可能使电动机或机械件损坏。当完成接线后，在通电之前，必须进行电源线和电动机壳体之间的绝缘测量，测量用 500V 绝缘电阻表进行。注意，不能用绝缘电阻表测量脉冲编码器输入信号的绝缘电阻。

11.3.6 交流伺服电动机常见故障及排除方法

交流伺服电动机常见故障及排除方法见表 11-3。

表 11-3　交流伺服电动机常见故障及排除方法

常见故障	产生原因	排除方法
定子绕组不通	1. 固定螺钉伸入机壳过长，损伤了定子绕组端部 2. 引出线拆断 3. 接线柱脱焊	1. 使用的固定螺钉不宜过长，或在机壳内侧同定子绕组端部之间加保护垫圈 2. 检查引出线并焊接 3. 检查接线柱并消除缺陷
始动电压增大	1. 轴承润滑油脂干涸 2. 轴承出现锈蚀或损坏 3. 轴向间隙太小	1. 存放时间长时清洗轴承，加新润滑油脂 2. 更换新轴承 3. 适当调整增大轴向间隙
转子转动困难，甚至卡死转不动	电动机过热后定子灌注的环氧树脂膨胀，使定子、转子产生摩擦	电动机不能过热，拆开定、转子，将定子内圆膨胀后的环氧树脂清除
定子绕组对地绝缘电阻降低	1. 定子绕组或接线板吸收潮气 2. 引出线受损伤或碰端盖、机壳 3. 接线板有油污，不干净	1. 将嵌有定子绕组的部件或接线板放入烘箱（温度 80℃ 左右）进行烘干，除去潮气 2. 检修引出线或接线板 3. 对接板进行清理
发生单相运转现象	1. 供电频率增高 2. 控制绕组两端并联电容器的电容量不合适 3. 控制电压中存在干扰信号过大 4. 伺服放大器内阻过大	1. 调整供电频率 2. 调整并联电容器电容量 3. 给伺服放大器设置补偿电路 4. 降低伺服放大器内阻；给伺服放大器功率输出级加电压负反馈

第12章 大中型电动机修理的特点

12.1 概述

12.1.1 电动机的分类方法

1 按电动机结构尺寸分类

1）16 号机座及以上，或机座中心高大于 630mm，或者定子铁心外径大于 990mm 的电动机，属于大型电动机。

2）11～15 号机座，或机座中心高在 355mm～630mm，或者定子铁心外径在 560～990mm 之间的电动机，属于中型电动机。

3）10 号及以下机座，机座中心高在 80mm～315mm，或者定子铁心外径在 125～560mm 之间的电动机，属于小型电动机。

2 按工作电源分类

根据电动机工作电源的不同，可分为直流电动机和交流电动机。其中交流电动机还分为单相电动机和三相电动机。

3 按结构及工作原理分类

根据电动机按结构及工作原理的不同，可分为直流电动机，异步电动机和同步电动机。

4 按电压等级分类

1）对于交流电动机，额定电压在 1000V 及以上的为高压电动机；低于 1000V 的为低压电动机（有些资料中的界限是 1140V）。

2）对于直流电动机，额定电压在 1500V 及以上的为高压电动机；低于 1500V 的为低压电动机。

我国生产的电动机的额定电压与功率的情况见表 12-1。

表 12-1　常用电动机的额定电压与功率

电压 /V	容量范围 /kW		
	交流电动机		
	同步电动机	笼型异步电动机	绕线转子异步电动机
380	3～320	0.37～1400	0.6～1000
6000	250～10000	200～5000	200～4000
10000	1000～10000	220~16000	280~4500
	直流电动机		
110	0.25～110		
220	0.25～320		
440	1.0～1600		

大中型电动机的外形如图 12-1 所示、大型电动机的定子如图 12-2 所示、大型电动机的转子如图 12-3 所示。

图 12-1 大中型电动机的外形

图 12-2 大型电动机的定子

图 12-3 大型电动机的转子

12.1.2 大中型电动机的特点

大中型电动机的重要特点是输出功率大、额定电压高。

1 高压电动机与低压电动机在结构上的主要区别

1）线圈的绝缘材料的耐压等级（绝缘强度）的区别。低压电机的线圈主要采用漆包线或其他简单的绝缘，如复合纸；高压电动机的绝缘通常采用多层结构，如粉云母带，结构更复杂，耐压等级更高。

2）散热结构上的区别。低压中小型电动机主要采用同轴连接的风扇直吹散热；高压大中型电动机大多数带有独立的散热器，通常有两种风扇，一组内循环风扇，一组外循环风扇，两组风扇同时运转，在散热器上进行热交换将热量排出电动机外面。

3）轴承结构的区别。低压中小型电动机通常前后各有一组轴承；而高压大中型电动机，通常轴伸端会有两组轴承，分别为轴向定位和承受径向载荷。非轴伸端的轴承规格根据载荷情况而定，有时会小一个规格，而特别大型的电动机和高速电动机会采用滑动轴承。

2 高压电动机与低压电动机在绕组和性能上的主要区别

1）额定电压不一样，起动电流和工作电流不一样，电压越高，电流越小。
2）同样功率的电动机，高压电动机线圈的匝数多、导线的截面积小。
3）高压电动机的效率高、损耗小。

3 高压电动机的主要优点

1）因为在同样的输出功率时，高压电动机的电流可比低压电动机小很多（基本上是与电压成反比关系），所以高压电动机可以做得功率很大，最大可达到几千甚至几万千瓦。

2）对于较大容量的电动机，高压电动机所用电源和配电设备比低压电动机的总体投资少，并且线路损耗小，可节省一定的电能。特别是10kV的高压电动机，可直接使用电网电源（我国提供给用户的高压电一般都是10kV），这样在电源设备（主要是变压器）上的投资会更少，使用也较简便，故障率也会较少。

4 高压电动机的主要缺点

1）绕组的成本相对较高（主要是由绝缘造成的），相关的绝缘材料成本也会较高。
2）绝缘处理工艺较难，工时费用较多。
3）对使用环境的要求比低压电动机要严格很多。

12.2 大中型电动机的修理简介

12.2.1 大中型电动机抽装转子的方法

对于大中型电机的转子，如果转轴两端伸出机座部分足够长，可用起重设备吊出，如图12-4所示。起吊时，应注意保护轴颈、定子绕组、转子绕组和转子铁心风道。也可采用工装提起转子，如图12-5所示。图12-5中的L形工装称为吊杆，其上部的一排孔用于和起吊设备连接，改换吊孔可以调整起吊重心，使转子被吊起后其轴线保持水平。吊杆与电动机转轴接触的部位应用尼龙或纯铜等较软材料做成的套筒，以防损伤转轴。

📖 图 12-4　抽出大型转子的方法

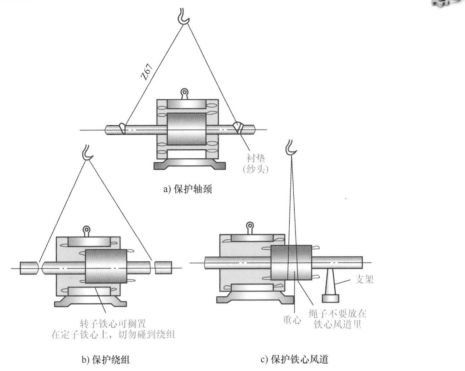

a) 保护轴颈

衬垫
(纱头)

转子铁心可搁置
在定子铁心上，切勿碰到绕组

b) 保护绕组

c) 保护铁心风道

支架

绳子不要放在
铁心风道里

重心

📖 图 12-5　用工装提起转子示意图

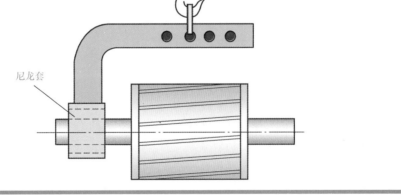

尼龙套

　　如果转子轴伸出机座部分较短，可在转轴的一端或两端加套钢管接长，形成所谓"假轴"，如图 12-6 所示。图中在电动机转子的一侧套上了假轴，按图中的方法分两步可吊出转子。

　　装入转子的步骤与抽出转子的步骤相反，同样应注意对电动机各部分的保护。

12.2.2　大中型电动机绕组的拆除

　　电动机的线圈按其结构和制造工艺的不同，可分为成型线圈（即硬绕组）和散嵌线圈（即软绕组）。大中型交流电动机的绕组和直流电动机的电枢绕组大多都采用成型线圈。成型线圈一般为绝缘扁铜线制成的，较容易保持一定形状。成型绕组就是由成型线圈组成，在嵌线前先将线圈加工成相对固定的形状，嵌入铁心槽后原则上不再进行整形。

图 12-6 用假轴抽出转子

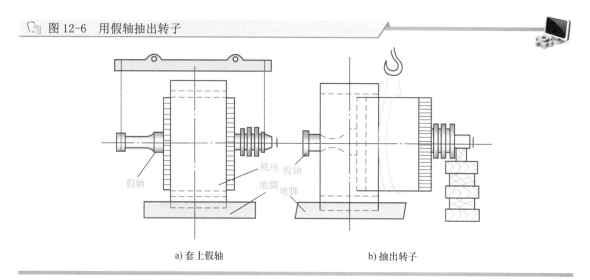

a) 套上假轴   b) 抽出转子

拆除大中型交流电动机定子散嵌绕组的方法与步骤可参考小型电动机，成型线圈绕组的拆除较原始的方法用撬杠撬出线圈，效率低劳动强度大，现在一般使用拆线机拆除，效率较高。目前一般使用的拆线机的结构为中心旋杠式，先固定定子机壳、通过旋杠的旋转牵引定子线圈使之脱离线槽，该方法效率高对铁心的损伤小，应用广泛。

大型绕线转子绕组一般为波式绕组，下面详细介绍其中要点

1 拆除绕线转子绕组的注意事项

绕线转子绕组的全部拆换，除了要考虑绝缘问题外，还要考虑机械方面的问题，即转子的离心力及平衡问题。因此，在修理时不能随便改变引出线、风扇叶及线圈的位置，以免影响平衡而产生振动。绕组端部要按原样进行绑扎，以保证受离心力作用时不致使绝缘位移或损坏。

2 拆除绕线转子绕组的方法步骤

（1）记录数据

拆除旧绕组前以及拆除过程中，除了要记录电动机的铭牌数据外，还要记录以下各项原始数据，作为选用电磁线、制作绕线模、绕制线圈及改绕计算等的数据。

1）绕组型式。

2）每槽线数（又称每槽导体数）。

3）电磁线型号。

4）电磁线规格。

5）并绕根数。

6）线圈的节距。

7）绕组的接法。

8）线圈的尺寸。

9）线圈伸出铁心长度。

10）绕组引出线与集电环的相对位置。

11）电磁线的总重量。

因为绕线转子绕组的连接方法较复杂，所以绕线转子的绕组展开图一定要做好记录并画清楚，并应在引线位置上做好标记。

（2）拆除端箍

首先将转子放在牢固的支架上，检查绕组尺寸及损坏情况，做好记录，并绘出必要的草图。然后拆除端箍，可用角磨机沿着线圈缝隙切断，注意不要碰伤铜线。如果是钢线端箍并且钢线需要回用时，可将其加热到200℃左右，盘起钢丝并除去松香、锡渣及其他污物，重新搪锡后备用。

（3）焊下并头套

清除端部外面的绝缘层，用烙铁或喷灯熔开所有并头套，并将并头套及铜楔、风扇叶取下擦净，保存备用。硬焊接的并头套用角磨机打磨去除，制作新并头套备用。

（4）抽出转子槽中的导线（又称铜条或导条）

首先剥掉铜排导条两端的绝缘物，用一台大电流变压器（或直流电焊机），将其输出端用钳子接到导条两端，接通电源并调整电流，直至导线稍有暗红色为止。因导线发热时会将绝缘物烧坏，并使其软化，趁热将槽楔打出，然后从标记第1槽（在该槽左右齿上标以"1"）上层边开始抽出铜条。抽时先用弯形扳手将出线侧的端部扳直，从进线侧将铜条抽出，同时记下不同导条的尺寸。如果抽出费力，可借助绞车用钢丝绳拉出导线。上层边全部抽出后，用同样方法抽出下层边，并记下不同导条的尺寸。如果导条在槽中卡死，应查找原因。若是绝缘物塞死，可再通电加热使其软化；若因导条不直，应扳直后再抽。

抽出的导条一般应做退火处理，以清除在拆卸过程中多次弯曲的内应力。退火处理的方法是，将铜条加热到400℃左右，取出迅速浸入水中冷却。退火处理后，刮净绝缘脏物，有条件的可酸洗一次，然后进行校正。损坏的铜条最好换新，若无适当新料，可用银铜焊接法进行修补（不能用磷铜焊）。

（5）清除转子槽中附着的绝缘物

12.2.3 成型绕组的重绕

1 成型绕组的分类

常用的成型绕组有波式绕组和叠式绕组两种。图12-7所示为单匝和多匝的波式绕组和叠式绕组。其中，单匝成型线圈又分为全圈式和半圈式，如图12-8所示。要根据电动机性能的要求选择绕组形式。

📖 图12-7 成型绕组

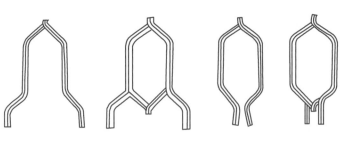

a) 波式绕组   b) 叠式绕组

图 12-8　单匝成型线圈

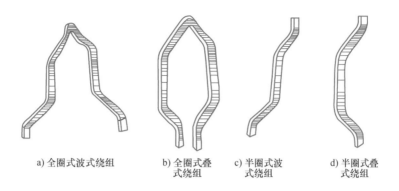

a) 全圈式波式绕组　　　b) 全圈式叠　　c) 半圈式波　　d) 半圈式叠
　　　　　　　　　　　　式绕组　　　　式绕组　　　　式绕组

成型绕组根据嵌装方法的不同，又可分为嵌入式和插入式。嵌入式成型绕组，铁心为开口槽或半开口槽，绕组元件为多匝或单匝成型线圈；插入式成型绕组，铁心为闭口槽或半闭口槽，绕组元件为半圈式线棒。

2　线圈的绕制

插入式绕组大多采用裸扁铜线，先将导线的一端弯曲成形（即半匝成形线圈），并包上直线部分的绝缘，再绕包两个端部的绝缘，在导线插入槽内后将其另一端再弯曲成形。

当修理现场无专用卷烘机时，可视具体情况采用下列方法绕包绝缘。

当缺乏大张绝缘纸或没有烘压条件时，开路电压为 500V 以下的导条可采用玻璃漆布或黄蜡布卷包（B 级以下绝缘等级）。具体做法是：外面半叠包一层玻璃丝带或白布带，绕后浸漆烘干，再用熨斗熨平整，并在 50~60℃时于外面涂一层石蜡，以便于插装。开路电压为 500V 以上的转子铜条，全长用 0.13mm 厚的云母带（选用相应绝缘等级）半叠包到一定尺寸后，直线部分用 0.05mm 厚的薄膜卷包，同时用熨斗熨平整。卷包层数：750V 以下包 2 层，750 ~ 1000V 包 3 层，1000V 以上包 4 层。端部云母带外面半叠包一层黄蜡绸带或玻璃丝带。

3　放置绝缘与嵌线

小型绕线转子的槽形通常是半闭口梨形槽，其嵌线及接线可以参考定子绕组进行。大中型绕线转子的槽形一般为闭口矩形槽，大多采用插入式绕组。

（1）放置绝缘

放置绝缘包括槽绝缘与支架绝缘。绕组的对地绝缘已包卷在导条上，插嵌时，在转子槽底放入槽底垫条及槽绝缘纸（槽内绝缘的材料和尺寸，应按绕组拆除时的记录进行）。

槽内放置绝缘套，仅作为插入导条时防止擦伤之用。支架绝缘的耐热等级与转子电压有关，包扎方法因支架形式而异。修理时可按原样修复，或按下述方法进行修复：

图 12-9 所示的支架为一个环固定在筋上。修复时，先在环上刷绝缘漆，包白布带或玻璃丝带，然后包玻璃漆布或云母带若干层，外面再半叠包一层白布带或玻璃丝带作保护层。图 12-10 所示的支架上有浅槽。修复时，先在槽内刷绝缘漆；然后在整个圆周上缠以比支架宽度宽三倍以上的白布带或玻璃丝带，并使白布带或玻璃丝带在支架两侧有同样宽度；再用绳线将布带扎紧于浅槽上，在扎线上刷绝缘漆，外包绝缘纸板（厚度为 1~ 2mm，宽度较支架宽 10~15mm），每包一层刷一次绝缘漆，包到所需高度后，将布带两边剪开往上包住纸板，并用黏胶漆粘牢。

图 12-9　转子端部支架绝缘（一）

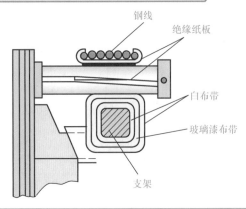

钢线
绝缘纸板
白布带
玻璃漆布带
支架

图 12-10　转子端部支架绝缘（二）

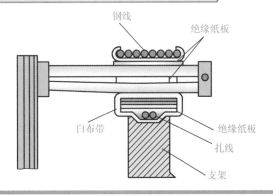

钢线
绝缘纸板
白布带
绝缘纸板
扎线
支架

（2）嵌线

根据拆线时的记录及标记，从第 1 槽开始，一般从集电环端依次插入下层边导条。由于导条一端已弯形，故第一根导条不能插入过深，以免影响最后一根导条的插入。待最后一根导条插入槽内后，才能将全部导条插到规定位置。

下层边导条全部插到位后，在已弯形的一端加一道临时扎线，用弯形扳手弯出另一端的形状。弯形时需要用两个扳手，如图 12-11 所示。左手拿扳手 1，用扳手的口子，套在伸在槽外导条的直线段，并使导条保持在直线位置，扳手 2 握在右手也套住导条，并紧靠扳手 1 的口子，用扳手 2 将导条端部逐步弯成 120°角。由于导条相互并列，最初几条边只能弯出不大的角度，经过几次反复后，即可将导条弯到所需的斜度，然后再弯接头。全部弯好后，用木槌轻敲导条，使其紧贴槽底及支架。

图 12-11　弯形扳手

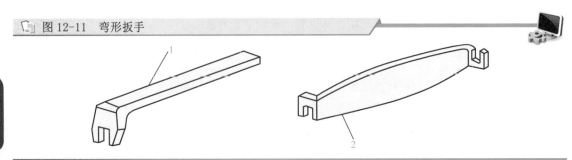

1

2

下层导条嵌装好后，拆掉临时扎线，在两端导条上包以绝缘纸板及玻璃布带，在槽内垫入层间绝缘条，然后按同样方法插上层导条及弯形。上下层导条嵌装完毕，两端加临时扎线并打入槽楔锁紧。此时要注意槽楔下的垫片不要鼓起损坏。

4 并头及焊接

将备用的并头套、铜楔、风扇叶清理干净（采用锡焊的重新搪锡），按记录资料及接线图逐个套上并头套，用钳子夹紧并打入铜楔，如图 12-12 所示。需装风扇叶的地方，应先将风扇叶装入并头套内再套到导条上。并头套的圆孔是用来检视套内焊料是否填满的。并头套的焊接视具体情况采用烙铁锡焊或氧－乙炔银铜焊或氩弧焊。

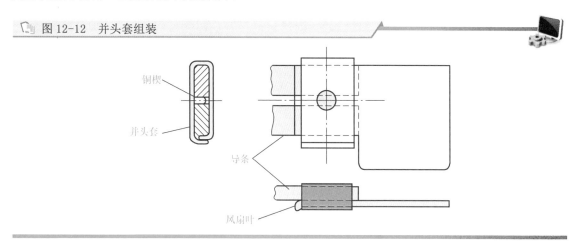

图 12-12 并头套组装

铜楔
并头套
导条
风扇叶

5 端部绑扎

由于绕线转子在运行时，绕组端部会承受较大的离心力，因此绕组端部必须绑扎牢固。绑扎工作可以在车床上或简易的架上进行。绑扎时必须有一定的扎紧力，而且要一层一层地排列整齐，避免发生重叠现象，绑扎厚度应符合原始记录。绑扎完后用钢板尺检查端箍不得高于铁心外圆，否则转子不能装入定子中。

6 高压线圈的试验

对于高压线圈除了要做形状尺寸检查外，还要做耐压试验、匝间绝缘试验、击穿电压试验、电热老化试验等，下面分别进行简要介绍，其中执行的标准为单只线圈做实验时的标准，嵌线后另有标准。

（1）耐压试验

耐压试验又称为介电强度试验，分为交流耐压试验和直流耐压试验两种。一般电动机都要进行交流耐压试验，对于大型和某些中型电动机需另行进行直流耐压试验，两者不能相互代替。

1）交流耐压试验。

此试验是检验线圈绝缘介电强度最有效和最直接的试验项目。高压线圈在嵌装前，都必须进行此项试验。此试验可单个进行，也可多个线圈（10～20 个）并联同时进行。试验时，线圈直线部分包 0.03～0.1mm 厚的金属箔（注意一定要包紧）并接地，金属箔的长度应大于铁心长。例如，3kV 线圈每端需长出 10mm 左右；6kV 线圈则每端应长出 20mm 左右；如果线圈端部涂有防电晕漆，则金属箔的长度还应适当加长。为了节省包金属箔的时间，可以用另外一种方法代替金属箔，即用直径小于 1～2mm 的小铁球代替，将线圈直线部分放在金属盒内，用铁球塞满，在线圈弯曲处塞上布带，以防止线圈端部与铁球接触。

交流耐压试验装置原理图如图 12-13 所示。其工作原理是：低压交流电输给调压器 TVR 一次侧，调压器按需要输出不同值的电压送给升压变压器 T，然后按照一定比例升压后加到被测试线圈上，显示系统显示出被试电压的大小。自动判断系统有两个功能：一个是按标定的高压泄漏电流值指示被试线圈是否合格；另一个是当被测试线圈击穿时（或泄漏电流大于标定值时）自动切断电源，从而保护被测试线圈和试验装置。保护系统则是为保护在被测试线圈上加过高电压或被测试线圈击穿时产生较大电流损坏被试线圈或试验变压器。过电压保护一般用两个放电距离可调的放电球，球隙保护电阻 R_0 一般按每伏 1Ω 选配；过电压保护球隙电压一般调整在 1.1 ～ 1.5 倍试验电压（简易耐压试验装置一般不带过电压保护装置）；过电流保护采用限流电阻 R，其阻值为每伏试验电压取 0.2 ～ 1Ω。

图 12-13　交流耐压试验装置原理图

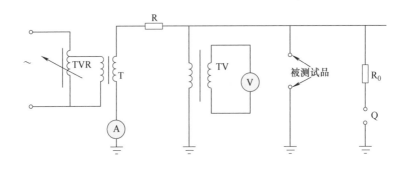

加于线圈的电压，应从低于试验电压全值的 1/3 ～ 1/2 开始，在 10 ～ 15s 内逐渐升到全值，维持 1min，然后在 10 ～ 15s 的时间内，将试验电压逐渐降低到试验电压的 1/3 ～ 1/2 以后，再切断电源。用接地棒使线圈充分放电，再进行拆线等操作。

线圈的合格标准：模压成型线圈，在线圈的直线部位（槽部长度加 20mm）和地之间加（2.75U_N + 4.5）kV 的工频正弦波电压（其中 U_N 为电动机的额定电压），历时 1min。如果不被击穿，则说明线圈合格。少胶云母线圈按约 80% 试验电压执行。

耐压试验电压很高，必须注意安全，试验区周围应用栅栏隔离，并要设有明显的危险标志。

2）直流耐压试验。

对于容量等于或大于 1000kW 的电动机，采用多匝成型线圈并用复合式绝缘结构时，在嵌线时，线圈应进行直流耐压试验，以检查端部搭接处的绝缘质量。

直流耐压试验装置原理如图 12-14 所示，变压器和调压器的容量可按每 1kV 试验电压为 0.2 ～ 0.5kVA 选择；整个系统的输出直流电压应在被测试线圈额定电压的 3.5 倍以上；整流元件一般都采用硅整流管，可根据需要组成半波或全波整流，整流元件的额定电流一般在 100μA 以下；应按试验电压的要求，选用高压整流二极管；限流保护电阻 R 应按每伏试验电压为 10Ω 选择；电压表应选用静电电压表。

试验电压的大小要根据电动机的额定电压而定，对于额定电压低于 3kV 的电动机，试验电压为 1.25（2.75U_N + 4.5）kV；对于额定电压高于 6kV 的电机，试验电压为 1.25（2.75U_N + 6.5）kV（U_N 为电动机的额定电压），试验时间均为 1min。

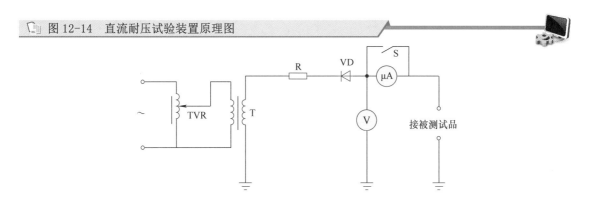

图 12-14 直流耐压试验装置原理图

（2）匝间绝缘试验

匝间绝缘试验简称匝间试验。高压线圈的匝间试验应单个进行，其原因主要有：①线圈在绕制过程中，很容易造成线圈匝间绝缘的损伤，应进行严格的检验，做到在嵌线前及时处理，以免在嵌线后发生匝间短路，拆换比较麻烦。②如果在线圈嵌入铁心后再进行冲击电压试验，试验电压的数值不能超过对地耐压试验电压；而且用波形前沿很陡的冲击电压试验时，电压沿整个绕组分布不均匀，前几个线圈受到的试验电压比较高，其余大部分线圈试验电压都很低。

由于电动机绕组的结构方式、电压等级、使用条件各不相同，所以对试验电压的要求和试验方法也有所不同，这里主要介绍各种电动机的通用项目。

匝间试验应用匝间试验仪进行，其原理图如图 12-15 所示。

图 12-15 匝间试验仪原理示意图

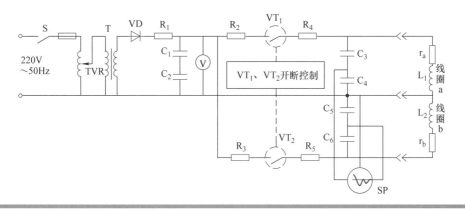

测试仪的工作原理：给单相调压器 TVR 输入 220V 的交流电压；通过升压变压器 T 把电压升高；经过整流；送入晶闸管 VT，晶闸管的导通和阻断由一套控制电路控制。工作时，控制电路使 VT 导通、阻断，把直流电压加至线圈上，由示波器储存标准线圈的波形，将试验线圈的波形与标准线圈波形曲线进行比较，通过观察和分析两条曲线的差异来确定被试线圈的绝缘故障。

对于匝间试验电压值，由电动机的额定电压和容量决定，冲击电压的峰值为

$$U_{\mathrm{m}} = K_1 K_2 U_{\mathrm{ef}}$$

式中　K_1——电压系数，一般取 $\sqrt{2}$。

　　　K_2——工序系数，浸漆前，自定；浸漆后，取 $1.0 \sim 1.2$。

　　　U_{ef}——工频试验电压的有效值。

12.2.4 真空压力浸漆工艺

电动机定转子绕组修复并做完半成品试验，接下来的重要工序就是浸漆。下面重点讲述真空压力浸漆工艺简称 VPI。顾名思义就是对工件抽真空加正压的浸漆方法，目的是把所有的空气隙都浸入绝缘漆，减少电晕放电，防潮和增加机械强度。真空压力浸漆设备如图 12-16 所示。

图 12-16 真空压力浸漆设备

1 数据记录

真空压力浸漆需要记录的数据有真空度、压力、黏度、烘箱实际温度、工件冷却后温度和烘焙时的绝缘电阻等。

2 浸漆前的准备

1）检查设备和电源电压是否正常，检查漆液外观和黏度是否符合要求。

2）检查储漆罐内漆的黏度。黏度控制在 17 ～ 26Pa·s（23℃），黏度会随温度变化而改变，温度高时黏度会变小，温度低时黏度会增大。所以调整黏度时要对照黏度 - 温度曲线图。

3）黏度调整：漆缸内的漆黏度偏高时应加入新漆调整。

3 使用工艺

1）工件状况：洁净干燥、绝缘电阻要符合图样要求。

2）工件预热温度：80~110℃。预烘时间：2 ～ 3h。

3）浸漆时工件温度冷至 40℃以下。

4）浸漆方式：VPI 真空压力浸漆。

5）真空压力浸漆：浸漆时浸渍树脂温度控制在 25~30℃之间。

6）将冷却后的工件置于浸漆罐中。

7）抽真空至浸漆罐内压力不大于 100Pa。保真空时间：3 ～ 4h。

8）保真空时间完成后进行输漆。输完漆后，待泡沫消去后漆的液面要求高于工件面最高部分 100mm 以上。

注意：输漆过程中浸漆罐要保持真空状态，要求浸漆罐具有符合要求的保真空性能，否则因空气渗入，导致输漆不能一次完成，会影响线圈的浸透。输漆期间真空泵不能起动，否则会导致苯乙烯抽走，漆的黏度快速增加。同时会导致真空泵容易损坏。

9）输完漆后加压至 0.6～0.65MPa，保压 4h。加压介质：推荐采用经过过滤的干燥空气，最佳采用干燥氮气。

10）上面过程完成后降压，然后在 0.2MPa 压力下进行回漆。

11）回完漆后在罐内滴漆，滴漆完成后，进行二次回漆。

12）取出工件，放进烘箱内烘干。

13）烘干：在 135～140℃环境下烘 2～3h，然后升温到 160～165℃并保温 5～10h。具体保温时间根据工件尺寸确定，以在 165℃保温至绝缘电阻三次测试稳定为准（烘焙时每小时测一次绝缘电阻）。

4 工件清理

工件滴漆完成后，铁心内外表面有过多的漆时，可用稀释剂擦拭，擦洗溶剂推荐采用苯乙烯，不用丙酮或甲苯、二甲苯等非活性溶剂。如果烘干后铁心外表面局部有过多的漆，就要趁热加以清除，因为工件冷却后，清理工作会变得比较困难。

12.2.5 转子不平衡的消除方法

电动机转子（或电枢）绕组重新更换，重新绑扎端箍，直流电动机升高片的补焊，转子和风叶破损或更换的部件材料质量不均匀，形状不对称等原因，都会使转子的重心对轴线产生偏移，转动时由于偏心的惯性作用，产生一种离心力 F，其大小可按下式计算

$$F = Mr\omega^2$$

式中　M——不平衡质量（kg）；

　　　r——不平衡质量偏移的半径（m）；

　　　ω——转子转动的角速度（rad/s）。

由于较小的不平衡质量，转动时会产生较大的离心力，使电动机运行时发生振动，加速轴承的磨损，缩短其使用寿命。还可能引起基础的共振，造成电动机损坏及更严重的后果。

校平衡的任务，在于消除这种由于重心偏移引起的不平衡现象。校平衡一般要校静平衡和动平衡。

校平衡就是在转子适当部位固定一重物，它在转子上产生的作用力与不平衡力的大小相等、方向相反，使转子旋转时平稳而不振动。

1 静不平衡及其消除

校静平衡的设备是由两个静平衡架和平衡板构成的。底架的位置由底脚螺钉调整，平衡板固定于底架上，它通常由锻钢经精磨加工而成。

平衡板常见的断面型式为圆形、菱形和矩形。其中圆形板精度最高，但只适用于平衡 40~50kg 的小型转子，圆形平衡板的直径通常为 40~60mm。平衡板的长度应使轴在其上回转 2~3 圈。平衡架的外形如图 12-17 所示。

在校静平衡前，首先应在转子两端选择适当的轴段（即两端轴段直径应一致，若没有同直径的轴段应套平衡颈圈）。根据选定的轴段距离，选择适当的平衡架，并将平衡板和电动机轴用布擦干净。然后把被校平衡的转子放在两平衡板上，这时先在轴下垫上垫块（最好不要用金属的），

图 12-17 静平衡架

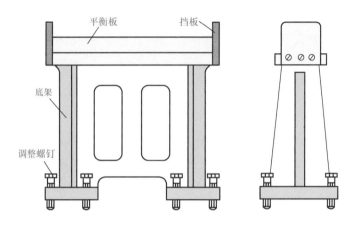

使转子不要转动，开始先校平衡架的水平。其方法是，根据平衡架两端的水平仪，调整两端的水平，然后用框式水平仪调整两平衡板的水平。当平衡架的水平调整完毕后，方可小心地把转子轴下的垫块拿出，如图 12-18 所示。未平衡的不平衡质量 M 必然会促使转子在平衡板上滚动，直到 M 处于最低的位置为止。如转子偏心重力矩不能使转子滚动，应将其转 90° 后再试。看电动机转子是否滚动，如转到某一处转子不动了，则转子的最下方为质量偏重的 M 点，并在该处做上记号，重复试验几次，如每次 M 点都在下方，那么初次确定的位置就是正确的。

图 12-18 静平衡工艺

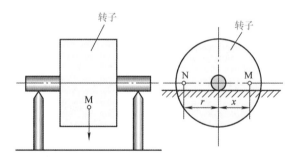

现场校平衡也可采用简便的方法。用两根长约 1m 的角钢，一边开出 45° 的斜口，将角钢安装在牢固的基础上，两根角钢相互平行，纵横要水平，斜口呈一条水平直线，然后将转子两轴伸端搭放在斜口上，如图 12-19 所示。推动转子使它在斜口上慢慢转动，当转子停止时，必然是重边（不平衡质量 M）在下，在最低点做上标记。再将转子向左（或向右）转 90° 即放手，看它是否向右（或向左）转去，经多次摇摆，在转子下部做好标记。最后将标记处转到上面，放手后若转子自转或摇摆停下时，标记仍在下面，说明标记处即为转子的偏重点 M。

对于低速电动机，如没有校静平衡的设备，可用电动机自身的滚动轴承作静平衡，如电动机为轴瓦的，则应临时更换成滚珠轴承。测平衡前应将轴承清洗干净，并加点机油，然后利用电动机轴承支架，使轴承外圈固定不动。调整电动机支架使转子水平，然后用上述方法找静平衡。

图 12-19　转子校静平衡

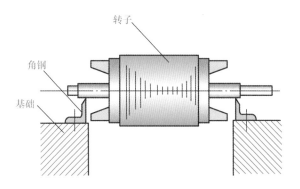

2　动不平衡及其消除

对于校好静平衡的转子，转动时才表现出来的不平衡，称为动不平衡。

严格说来，任何转子都应该用动平衡的方法来消除不平衡的影响。但在实际的电动机修理中，可将低速的转子（其长度 L 与直径 D 之比较小）只校静平衡。转子校平衡的条件见表 12-2。

表 12-2　转子校平衡的条件

转子条件		校平衡类型	转子条件		校平衡类型
圆周速度 / (m/s)	长度 L / 直径 D		圆周速度 / (m/s)	长度 L / 直径 D	
＜ 6	不限	静平衡	＝ 25	≥ 1/3	动平衡
＜ 15	＜ 1/3		＞ 20	＞ 1/6	

对于中小型电机转子的平衡，以转速来分类。一般的 2 极和 4 极电动机需作动平衡。校动、静平衡的方法有去重法和加重法两种。根据被平衡的实际条件，可合理的选其中一种。校动平衡一般在平衡机上进行。平衡精度按照电动机技术条件执行，一般大于 G6.3。

12.2.6　大中型电动机的装配与检查

1　绕线转子的装配与检查

为了保证修理质量，转子修理与定子修理一样，在修理过程中及全部完成后，需要进行必要的检查试验。检查试验的主要项目也是外观检查、测量绕组直流电阻和绝缘电阻、空载试验及耐压试验等。

此外，还要测量电动机的变压比，即定子额定电压与转子额定电压之比。测试时，转子绕组开路，定子加三相对称电源，分别测量定子的端电压及转子集电环之间的电压。对于额定电压为 500V 以下的电动机，应在定子上加额定电压；对额定电压为 500V 以上的电动机，可在定子上加额定电压或较低电压。测得的变压比数值与铭牌额定电压算得的比值相差应不超过 ±5%。

2　定、转子及全部零部件要检验合格

1）整理场地，放稳各零、部件，并检查装配使用工具和工作环境是否安全良好。

2）全部零部件要清洁干净，没有铁屑和污物。

3）检查转子外圆及轴伸不应有磕碰及突出物，转子绝缘应完好，表面喷漆应牢固。

4）检查定子内圆不应有磕碰，脏物及突出物等。

3 工艺过程

1）清理定转子铁心内外圆的高片，毛刺，突出绝缘及漆瘤等，检查槽楔和绑扎的无纬带或绑绳是否松动及有无高出铁心的现象。

2）用压缩空气吹净定转子各部位的金属屑及脏物。

4 装配

1）穿转子：用吊转子专用工具套入转子轴伸端，使转子与钢丝绳成90°，操作天车对准定子的中心线，平移转子进入定子内圆，使转子铁心与定子铁心平齐。穿转子时应注意天车的协调配合，不得碰伤线圈及铁心，并注意定子出线盒与转子轴伸的相对位置不要搞错。

2）将轴承内盖套入到转子轴上前后轴承挡内侧的小盖挡处。

3）在工频感应加热器上加热轴承至规定时间（加热温度不可超过100℃），将其热套到轴承挡上。套入时轴承有标号的一端朝外。需上轴承挡圈的用卡簧钳将其安装到卡簧槽内。

4）待轴承温度降至室温时，加入润滑脂（占轴承室空腔的2/3左右），可转动轴承使润滑脂充分进入轴承内部。

5）球轴承装配。对有轴承套的电动机可在加热轴承前先用液压机将球轴承平稳压入轴承套内，然后在感应加热器上加热到规定温度再趁热装到轴承位上，温度降至室温时，加润滑脂，安装轴承外盖，拧紧轴承盖螺钉。

6）滚柱轴承装配。滚柱轴承内圈装配可按上述热装方法，再将滚柱轴承外圈正放在轴承套上，用液压机平稳压入，或用铜棒撞击外圈，不许用锤子猛击。安装端盖时要注意吊装平稳，为防止滚子硌伤滚道，可放置引导套，安装到位后装轴承外盖，拧紧轴承盖螺钉。

7）装集电环时不可猛敲，先清理轴外圆及集电环内膛，试装合适后，在转轴上砸入集电环键将集电环安装到位，并装上弹簧挡圈。

8）将转子引出线连接到集电环的接线柱上（相同颜色的拧在同一环接线柱上）拧紧接线柱上的螺母。其引线不得交叉。

9）安装刷架、电刷前用干净的擦布清洁集电环接触面，调整刷握内的电刷使之活动灵活并与接触面吻合面积在60%以上，刷架与集电环接触面之间的距离保证在3~5mm。

5 检查

1）吊环应拧紧，吊环与机座平面完全接触。

2）定子、转子铁心内外圆，机座空档内不得有导电物等杂质。

3）在穿转子时要无磕碰、损伤现象。

4）定子、转子接线安装正确，出线孔处引线不得交叉歪斜。

5）全部螺钉必须符合图样要求，不得松动。

6）检查转子是否转动灵活，有无不正常噪声和轴承响声。

6 注意事项

1）装配所用全部零件必须清洁，搬运及装配过程中需轻放，禁止磕碰猛敲。

2）轴承润滑脂要妥善保管，如被污染弄脏不得使用。

3）轴承装配时，轴承内圈必须放置冷却后才能安装轴承外圈，且轴承内外小盖也要同时加入润滑脂。

4）吊放电动机机座、底板、定子、转子、轴承等大型部件时必须放好方箱或垫木。严禁在悬吊物下操作，应与行车工、挂钩工密切配合。

5）必须使用装有金属倒楔木把的手锤和大锤进行锤打操作。打锤时严禁戴手套，并注意前后方是否有人。

6）轴承热套时要戴好手套，防止烫伤。

7）电动机装配时，手指不能放入端盖与机座空隙中，防止合拢时扎伤；装配螺钉时，切勿用手指伸入孔内试探。

扫一扫看视频 12.2.1 S 大中型电机转子穿入过程

扫一扫看视频 12.2.3 大型电机线圈的绕制及嵌线

扫一扫看视频 12.2.5 大型电动机端盖的安装

扫一扫看视频 12.2.5 大型电机风道和风冷器的安装

扫一扫看视频 12.2.5 轴承加热器的用法

扫一扫看视频 12.2.5 高压电机定子结构

扫一扫看视频 12.2.5 高压电机转子的装配

扫一扫看视频 12.2.5 判断电机轴承的好坏

参 考 文 献

[1] 何报杏.怎样维修电动机 [M].北京：金盾出版社，2003.

[2] 孙克军.农村常用电动机维修入门与技巧 [M].北京：金盾出版社，2011.

[3] 蒋世忠，等.电动机维修问答 [M].北京：机械工业出版社，2010.

[4] 胡岩，等.小型电动机现代实用设计技术 [M].北京：机械工业出版社，2008.

[5] 刘一平，等.新编电动机绕组修理 [M].上海：上海科学技术出版社，2006.

[6] 李圣年.潜水泵检修技术问答 [M].北京：化学工业出版社，2008.

[7] 张春雷，等.简明电机修理手册 [M].北京：中国电力出版社，2005.

[8] 孙克军.电动机的使用与维修 [M].北京：化学工业出版社，2008.